城市绿地规划的理论基础与模式研究

唐继刚　著

中国环境科学出版社·北京

图书在版编目（CIP）数据

城市绿地规划的理论基础与模式研究/唐继刚著．—北京：中国环境科学出版社，2008.4

ISBN 978-7-80209-707-0

Ⅰ．城…　Ⅱ．唐…　Ⅲ．城市规划：绿化规划—研究　Ⅳ．TU985

中国版本图书馆 CIP 数据核字（2008）第 035146 号

责任编辑　刘　璐　肖　卫
责任校对　尹　芳
封面设计　龙文视觉

出版发行　中国环境科学出版社
（100062　北京崇文区广渠门内大街 16 号）
网　　址：http：//www.cesp.cn
联系电话：010-67112765（总编室）
发行热线：010-67125803
印　　刷　北京中科印刷有限公司
经　　销　各地新华书店
版　　次　2008 年 4 月第 1 版
印　　次　2008 年 4 月第 1 次印刷
开　　本　880×1230　1/32
印　　张　4.375
字　　数　120 千字
定　　价　30.00 元

前 言

城市绿地系统泛指城市区域内一切人工或自然的植物群落或水生生物群落，是城市内唯一有生命的基础设施，它的存在对于维护自然生态平衡、改善城市人居环境具有十分重要的意义。凡事预则立，不预则废，城市绿地规划是形成布局合理、功能完善的城市绿地系统的前提。对于城市绿地建设而言，城市绿地规划起着系统组织、统筹策划、指导实施的重要作用。

遗憾的是，尽管城市绿地规划受到我国各级政府的普遍重视，其理论基础却比较薄弱。城市绿地规划最基本的理论问题是城市绿地空间配置如何影响其生态效益。然而，对于这个问题，只有零星的从某些角度进行的研究，到目前为止还没有全面的解答。由于缺乏坚实的理论基础，城市绿地规划的随意性比较强。在城市绿地规划实践中，重概念轻依据、重美观轻功能的现象普遍存在。有的城市绿地规划引入了“绿心”、“绿带”等概念，却说不出应用这些绿地概念形式的理由；有的城市绿地规划满篇皆“生态”，却把外表美观、生态效益较差的草坪规划成公共绿地的主体。夯实城市绿地规划的理论基础、改变城市绿地规划工作方式是摆在我国城市规划界面前的一项紧迫任务。只有如此，才能让我国城市非常稀缺的绿地资源发挥最大的生态效益。

本书运用景观生态学，系统地研究、阐述城市绿地空间配置对城市生态效益的影响，努力构建城市绿地规划的理论基础。研究的思路是，首先将城市绿地的生态效益分解为大气净化、气候调节等8 项生态服务功能，然后把每项生态服务功能分解为一个或多个生态过程，最后运用景观生态学中关于景观格局制约生态过程的理论，推测城市绿地结构和布局如何制约每个生态过程、每项生态服务功能。基于城市绿地规划的理论基础，本书提出一种生态服务功能导向的城市绿地规划模式。该模式以最大限度地提高城市绿地的生态效益为目标，借助遥感和 GIS 技术对城市绿地空间配置进行生态导向的科学评价与规划。在本书的最后，以南京主城区为例对该模式进行了应用。

本书只是城市绿地研究、城市生态研究浩瀚大海中的一滴水珠。承蒙中国环境科学出版社的厚爱，将其付诸出版，在此深表感谢。由于作者学识水平的限制，书中难免存在不妥、不全、不实之处，敬请读者批评、指正。

目 录

1 绪 论

1.1 研究背景与意义

1.1.1 完善的城市绿地系统是生态城市的重要特征

从《易经》到康有为的《大同书》，从“太阳城”到道萨迪亚斯的“人类环境生态学”，古往今来，古今中外，人类从来没有停止过对理想生活居住区的探索与追求。1971 年，在联合国教科文组织发起“人与生物圈计划”期间，前苏联生态学家尤尼斯基提出“生态城市”的概念：根据生态学原理，综合研究社会—经济—自然复合生态系统，并应用生态工程、社会工程、系统工程等现代科学与技术手段而建设的社会、经济、自然可持续发展，居民满意、经济高效、生态良性循环的人类居住区。此概念一经提出，就受到国际社会的高度关注。时至今日，生态城市被公认为城市发展的理想模式，成为国内外城市建设孜孜以求的目标。

目前，关于如何建设生态城市，各国际组织、学术流派还没有形成统一意见。但是，它们一致认为，生态城市理应形成完善的自然生态系统。1984 年，联合国教科文组织“人与生物圈计划”报告提出生态城市规划应坚持 5 项原则：生态保护战略；生态基础设施；居民的生活标准；文化历史的保护；将自然融入城市。其中，生态保护战略、生态基础设施、将自然融入城市 3 项原则都关乎自然生态系统。国际城市生态组织发起人 Register 提出的 20 条生态城市建设原则，有 5 条与城市生物多样性保护、城市绿化有关。

城市绿地是城市自然生态系统的主体，是城市系统中能够执行“吐故纳新”负反馈调节机制的子系统。结构合理、功能显著的绿地系统是生态城市的重要特征，城市绿地建设是创建人类理想居住区的重要举措。

1.1.2 城市绿地规划的理论基础比较薄弱

在生态城市等思潮影响下，城市规划中对城市绿地越来越重视。城市绿地规划成为城市总体规划的重要组成部分。环境部门组织的城市生态规划、生态市规划更是把城市绿地规划作为中心工作之一。有的城市还单独组织编订城市绿地系统专项规划。然而，遗憾的是，到目前为止，城市绿地规划的理论基础却比较薄弱，与其所受到的高度重视很不相称。具体表现在：

1）城市绿地规划缺乏理论基础

在很多城市绿地规划中，对绿地组分、结构、规模、形状的安排主观性强，缺乏根据，即使目前的城市绿地建设规范中引入生态保护地、绿径、蓝道等概念，在实践中也多是相当主观地就地画圈、画线。造成这种情况的主要原因是城市绿地规划的理论基础还没有形成。城市绿地规划的理论基础是城市绿地空间配置如何影响其生态效益，然而目前这方面的研究很少，而且零零散散，没有得到系统的总结。

2）城市绿地空间配置往往单纯以美化和卫生防护为导向

当前，在很多城市绿地规划中，绿地的空间配置往往单纯以美化和卫生防护为导向。出于城市美化目的，植被被作为造园的软质景观材料，注重观赏性，随景致的需要而进行人工布置。出于碳氧平衡、改善空气质量、降低噪声等卫生防护目的，用绿地率、人均绿地面积等指标指导绿地建设（赵振斌、包浩生，2001）。这样的城市绿地空间配置导向存在以下问题：

（1）忽视城市绿地的自然属性。这种做法实际上是把植物当作城市景观的装饰和卫生防护工具来对待，重视人工绿地建设，却常常将本地物种丰富、生命力更强的自然林地当作荒地清除。多数人工绿地层次结构简单，物种多样性低，抗干扰能力差，维护成本高。绿地之间的生态联系与物种交流更是很少被考虑。

（2）对城市生态效益的理解相当片面。按照生态系统服务功能理论，城市绿地对于城市的功能包含 4 个层次：生产功能（包括生态系统的产品及生物多样性的维持）、基本功能（包括传粉、传播种子、生物防治、土壤形成等）、环境效应（包括缓解干旱和洪涝灾害、调节气候、净化空气、处理废物等）和娱乐价值（休闲、娱乐、文化、艺术素养、生态美学等）（傅伯杰等，2001）。城市绿地的美化作用只是娱乐价值的一部分，城市绿地的卫生防护作用只是环境效应的一部分。虽然，对于城市来说，绿地的生产功能、基本功能重要性不高，但关乎绿地系统的活力、稳定性和自我调节能力，是其环境效应、娱乐价值的基础，不应被忽视。

（3）单位面积绿地的生态效益不高。城市土地寸土寸金，可用于绿化的土地愈来愈少，成本也愈来愈高，尤其是老城改造中的绿地规划难度更大。提高城市绿地的生态效益，仅把眼光盯在扩大绿地面积上是行不通的，必须对有限的绿地在群落结构、生态类型、空间布局等方面进行科学合理的规划和设计，提高单位面积绿地的生态效益。然而，在以美化和卫生防护为导向的绿地规划指导下建设的城市绿地，由于植被结构单一，功能片面，空间配置随意，单位面积绿地生态效益不可能很高。

3）常用的城市绿地指标存在缺陷

目前的城市绿地指标主要反映人均绿地情况、绿地占城市用地比例，最常用的是人均绿地面积、人均公共绿地面积、绿地率、绿地覆盖率四个指标（刘滨谊等，2002）。计算公式分别为：① 人均绿地面积（m^2）=城市所有绿地总面积÷城市人口；② 人均公共绿地面积（m^2）=城市公共绿地总面积÷城市人口；③ 城市绿地率（%）=城市六类绿地面积之和÷城市总面积×100%；④ 城市绿化覆盖率（%）=城市内全部绿化种植垂直投影面积÷城市总面积×100%。这四项指标的特点在于它们表现了城市绿化的整体水平，不同城市间很容易对照比较。但在实际的应用过程中，这些指标存在很大的缺陷：

（1）城市面积是绿地指标计算的重要基数，然而城市边界划定具有很大的主观性，这必然影响绿地指标的客观性和可比性。

（2）这些指标只能单纯地表达城市绿地的数量特征，而不能表示城市绿地的空间配置情况。有研究表明，当城市绿地覆盖率小于40%，绿地的生态效益高低很大程度上取决于其空间配置。同样重要的是，城市绿地的空间配置也决定其对于居民的可达性、其自身的抗干扰特征和生物多样性。

（3）这些指标只能反映绿地的二维平面特征，实际上，城市绿地的群落层次、生物量对其生态效益也有很大影响。例如，相同面积的情况下，林、灌、草复层绿地对大气污染物的吸收功能大于人工草坪。

1.1.3 景观生态学为城市绿地规划提供了科学基础

（1）景观生态学的学科属性决定了它对城市绿地规划的指导意义

景观生态学起源于半个世纪之前。它主要研究在一个相当大的区域内，由许多不同类型生态系统组成的整体（景观）的结构、功能和演化，并以中尺度研究见长。目前，景观生态学的基本理论已广泛应用于资源、环境、生态等应用研究中，展现出勃勃生机（傅伯杰等，2001）。

景观生态学以人与自然共生为目标，它的指导思想、研究方法与可持续发展理论高度一致。它正在发展成为一个由生态学、地理学、环境科学、森林学、野生动物管理、城市规划等众多学科交叉的综合性学科。它的综合整体观非常适宜多学科的综合研究。城市绿地是需要地理学、生物学、环境科学、气候学等多学科综合研究的领域，其研究的最终目标是城市中人与自然的和谐共生，因此，城市绿地研究需要景观生态学理论和方法的指导。

（2）城市是景观生态学重要的研究与应用领域

城市与区域一直是景观生态学特别关注的领域（肖笃宁等，

2003）。欧洲景观生态学一直跟土地与景观的规划、管理、保护及恢复相联系。这既与景观生态学注重中尺度生态问题研究的传统和学科特色有关，又与城市、人与自然共生和环境问题突出的景观特征有关。

城市景观生态研究的内容涉及城市景观格局、景观动态变化及其驱动机制、土地利用与土地覆被变化、生态修复与生态合理性建设、城市景观生物多样性、城市景观结构与功能的生态合理性评估、城市景观生态规划，等等（曾辉等，2003）。

（3）城市绿地评价、规划属于生态系统综合评价、景观生态规划的范畴

景观生态学是应用性很强的学科，生态系统综合评价、景观生态规划是其应用研究的主要领域。生态系统综合评价是从人的现实和潜在需要的角度，对生态系统进行评价。城市绿地评价的标准是其对于城市和居民的生态效益，因此其属于生态系统综合评价的范畴。景观生态规划是景观管理的基本手段，它通过对原有景观要素优化组合或引入新的景观要素，创造出更为高效和谐的人工自然景观或管理景观。城市绿地规划本质上是对城市景观的调整与优化，因此属于景观生态规划的范畴。景观生态学已经发展了一系列生态系统综合评价、景观生态规划的理论与方法，这些理论与方法都可以用来指导城市绿地评价与规划实践。

1.2 国内外研究现状综述

1.2.1 城市景观生态学研究进展

当代城市中出现的包括环境在内的各种问题，很大程度上是由于不合理的景观生态格局造成的，因此，运用景观生态学的理论和方法对城市进行研究，是解决城市问题的一条新路子。城市景观生态学应运而生。王华东等认为：城市景观生态学是一门正在蓬勃发展而又不十分定型的学科，它是研究城市景观形态、结构、

空间布局及其景观要素之间关系并使之协调发展的学科（王华东等，1991）。

综合国内外研究动向，城市景观生态学研究的基本内容包括以下几个方面：

（1）城市景观格局特征及其动态变化研究。国外学者非常关注城市扩展对自然生态环境的影响，如 Thomlinson 研究了伦敦郊区发展对自然、半自然生态系统的影响（Thomlinson J. R，2000），Swenson J. J 和 Franklin J 模拟了西班牙的圣·莫妮卡山地城市未来发展对生态破碎化的影响（Swenson，2000）。城市景观从中心区到郊区的梯度变化特征是另一个令人瞩目的研究专题（Cilliers 等，2000；Medley K E 等，1995）。城市发展过程中景观结构的变化是城市景观格局研究的重要内容，如 Yrh AGO 利用信息熵概念对城市扩展进行了定量监测（Yrh AGO，2001），陈利项、傅伯杰以东营市为例分析了人类活动对城市景观结构的影响（陈利项等，1996）。城市景观动态变化研究的重点是弄清城市景观动态变化的过程特点和内在驱动机制，预测未来的发展走向和可能遇到的约束问题，为城市发展进程设计和景观整体规划提供科学的决策依据。

（2）土地利用和土地覆盖变化研究。土地利用和土地覆盖类型在概念的内涵上要大于景观组分，例如城市建设用地包括城市绿地、道路和建筑覆盖区域等不同景观组分。在城市化过程中，土地利用和土地覆盖变化通常以两种方式进行：一是城市内部不同的城市建设用地方式随着城市发展而进行局部调整；二是随着城市建设用地的扩张，城市周边景观的非城市建设用地不断向城市建设用地转化。其中，第二种方式是城市建设用地增量的主要来源，也是目前研究的重点。城市郊区是城市土地利用和土地覆盖变化最剧烈的区域。研究表明，现代城市发展对于城郊的功能需求越来越复杂，除传统的工业区、仓储区向城郊扩展外，一些居住区、新经济开发区和休闲娱乐区也成为城市郊区的重要景观组分类型（Sorensen，2000）。

（3）生态修复与生态合理性建设。城市绿地建设被认为是改善城市景观生态合理性的最佳途径。寻求合理的城市发展理念，通过有效的规划设计和建设措施改善城市结构，提高自然组分比重，完善城市的生态功能是城市发展过程受到广泛关注的前沿性问题。国内外的研究认为，城市绿色空间建设的重点有两个方面：一是在城市用地资源分配过程中，尽可能地保留足够的土地资源用于城市绿地建设，并通过合理的结构设计，使不同绿地类型构成一个有机的整体（宗跃光，1999；Coles，2000；Yokohari，2000）；二是保护和恢复城市中天然组分的结构和功能，特别是城市中的人工和天然河段，在恢复水质和完善河岸生态建设的基础上，使之与其他城市绿地系统共同构成有机的整体，提高城市绿色空间的联结度水平，成为现代城市生态调控的重要手段（Chovanec 等，2000；Stewart 等，2001；Nassauer 等，2001）。

（4）城市景观生物多样性研究。城市作为特殊的景观类型，其内部物种构成和生境特征与周边其他景观类型具有显著差别。高强度人为活动及其漫长的发展历史，使得城市内部的动植物种类组成和群落结构特征亦具有明显的适应性驯化特征。近年来，城市景观生物多样性保护研究逐步受到重视，其目的主要可以归纳为两个方面：一是通过城市内部生物种类构成、行为特征和群落结构与人为活动之间的相互关系研究，为合理总结人为活动与生物多样性之间的关系提供科学依据（曾辉，1999）；二是通过城市生物多样性保护工作，提高城市的自然度水平，改善城市的生态结构与质量，使城市生态调控工作能够最终达到满意效果（Coles，2000）。城市动物群落是生物多样性研究的重点，特别是鸟类研究近些年来受到广泛关注，研究内容包括鸟类的时空分布格局（Godefroid，2001），绿地系统设计和生境特征对鸟类的影响（Fernadez，2000；Fernadez，等，2001），城乡梯度上的鸟类种类和数量变化以及鸟类种群变化对城市扩张的指示作用等（Mortberg，2001）。城市生境保护研究是城市生物多样性研究的另一项核心内容。由于缺乏像自然保护区那样明确的保护目标，城市生境保护研究基本上属于一般的格局合理性建设与维护，有代表性的研究主题包括城市内部生物生境的碎裂化问题和生境质量评价（Young，2001）；强化公园等城市绿地生境属性，提高生物种类对这些生境的可利用性（张庆费，1996；赵振斌，2001；陈波，2003）；利用行道树系统改善城市生境的联结度水平，降低生境碎裂化程度（Zmyskony，2000；Cook，2002）；在城市土地利用规划过程中充分考虑野生生物对生境的需求，缓和城市居民与野生生物之间的生存矛盾等（Saward，2000）。上述研究多为个案研究，还没有形成关于城市生物生境保护与建设一般性规律总结和可操作的实践模式。

在以上任何一项的研究中，现状分析和评价都是为规划设计和景观建设服务的，景观规划设计和按此进行的建设管理才是城市景观生态研究的最终目的。

城市景观生态规划是在 F.L.Omsted 1863 年提出的“Landscape Architecture”基础上，将生态学、景观生态学的思想融入城市景观设计中而形成的规划理念。英文“Landscape Architecture”在我国被翻译成“园林”，景观生态规划首先是从传统的风景园林规划发展而来的，与其不同的是，它将风景园林学、生态学、地理学、城市规划学等学科有机地融为一体，运用景观生态学原理解决景观水平上的生态问题，是景观管理的重要手段，集中体现了景观生态学的应用价值。在景观规划设计中，始终把景观作为一个整体单位来考虑，从景观整体上协调人与环境、社会经济发展与资源环境、生物与生物、生物与非生物及生态系统之间的关系（陈涛，1991）。李团胜认为城市景观生态规划主要包括三个方面的内容：一是环境敏感区的保护规划；二是生态绿地空间规划；三是城市外貌与建筑景观规划（李团胜，1997）。肖笃宁归纳了城市景观生态规划遵循的八项原则：① 协调人与自然的关系，注重环境容量与可持续发展；② 保护环境敏感区，对不得已的破坏加以补偿；③ 在人工环境中努力显现自然，增加生态多样性；④ 合理安排城市空间结构，增加生态多样性；⑤ 发挥景观的视觉多样性；⑥ 居住环境、生活质量、城市文化的相互促进；⑦ 以绿色空间体系为中心的绿化、美化与净化；⑧ 环境管理与生态工程相结合（肖笃宁，1998）。

1.2.2 城市绿地相关研究进展

1）城市绿地环境效应研究进展

城市土地寸土千金，可用于绿化的土地愈来愈少，绿化成本也愈来愈高。人们逐渐意识到，提高城市绿地的环境生态效益，仅把眼光盯在扩大城市绿地面积上是行不通的。必须依靠科技，对有限的绿地在生态类型、缀块群落结构、空间格局等方面，进行科学合理的规划和设计，提高单位绿地的环境效应。这一意识的确立，极大地推动了城市绿地环境效应的研究进程，众多园林、生态、城市规划、环境等领域的专家都投入到这一课题的研究中来。国内外城市绿地环境效应的研究可以概括为以下几个方面：

（1）绿化植物环境效应的生态机制研究。到 20 世纪末，有关专业人员已在植物的降温、增湿、吸收 CO_2 及有毒气体、释放 O_2、抗污滞尘、杀菌和减低环境噪声等方面取得了一批令人瞩目的研究成果（Benjinmin，1999）。近几年里，相关研究又有了新的发展，尤其在研究植物对城市污染的净化能力方面，基本弄清了植物叶片污染物含量的积累途径，以及部分有毒物质降解或转移的生化机制。

（2）城市绿地布局对气候调节功能的影响。近年来，一些学者利用景观生态学格局、过程和尺度相结合的原理与方法，分析城市绿地景观的时空格局，把城市绿地研究由定性化引向定量化。其中，较为突出的成果是城市绿地结构与温度调节效应关系的研究。Gordon 通过对美国哥伦里郊区 10 个居民院落（其中 5 个位于绿化密集区，其余 5 个位于住宅密集区）的气候因子为期一周的观测，证明了城市绿地缀块对城市气候的改善确有明显的作用（Gordon B，2000）。

（3）城市绿地植被的种类、三维特征对环境效应的影响。改革开放以来，国内许多学者纷纷投入到城市绿地环境效应研究工作中来。首先在城市不同类型绿化植物和绿地的生态效应上，做了大量的试验，印证了城市绿地对城市温度、湿度具有明显的调节作用，筛选出一批环境效应高，抗性、耐性强的乡土植物。周坚华等把绿色植物占有的空间体积定义为绿化三维量，然后以合肥市为例，定性、定量研究了绿化三维量与滞尘、产氧、降温等绿地功能之间的关系（周坚华，1999）。

（4）将城郊绿地环境效应引入城市内部的研究。针对我国城市潜在绿地面积普遍不足的现状，宗跃光、俞孔坚、曹骊等学者就发展城郊环城绿地以及将城郊绿地环境效应通过一定的途径引入市中心等问题进行了研究（宗跃光，1998；俞孔坚，2001；曹骊，1989）。

（5）城市绿地的负面环境效应。Benjinmin 等研究表明，许多种植物可以释放单萜等光化学反应物质，大规模种植会对环境造成污染，目前有 124 种树木被证实释放这种物质（Benjinmin，1999）。他们还应用分类学方法，对加利福尼亚一个地区的 316 个树种按释放单萜等光化学反应物质做了测算和分类，结果表明有 115 种（36%）属于低排放量树种，为绿化树种选择提供了依据。另外，有些树种释放在空气中的花粉对一些人能造成过敏反应。

2）城市绿地的生物多样性意义研究

城市绿地是维持和保护生物多样性的重要生境条件。Savard 的研究表明，城市生态系统中生物多样性的提高对城市居民生活质量有正面的影响，并提出提高鸟类生物多样性的规划、设计和管理方案（Savard，2000）。

Mortberg 等通过对瑞典首都斯德哥尔摩不同生境鸟类的调查，证明绿色廊道是生物多样性的重要场所（黄晓鸾，1998）。Lofvenhaft 等提出在城市区域要重视生物区系模式，并发展了一个在空间规划中整合生物多样性的概念模型，该方法在瑞典首都斯德哥尔摩的总体规划中已经成功应用（Lofvenhaft 等，2002）。众多研究表明，城市绿地的网络化可以促进其自然化、生态化，并有利于动植物的栖息繁衍（王祥荣，2001；Roberts，1993）。

3）城市绿地评价指标研究

1979 年，我国确定了人均公共绿地面积、城市绿化覆盖率和城市绿地率等二维城市绿地指标（刘骏，2001）。它们在评价不同城市绿化水平时有可比性，但在评价不同植物种类、空间结构的绿地功能，特别在系统分析城市绿化生态功能时很难准确测算。

国内外研究发现，在绿化二维指标相近时，不同的城市绿地结构和布局也会产生不同的绿地功能。当绿地覆盖率小于 40%～60% 时，绿地内部结构和空间分布更显示其重要性（魏斌，1997）。近几年，绿地评价指标的研究十分活跃，王祥荣、胡聘、刘滨谊、黄晓鸾、孟立君、周廷刚等从生态、园林、景观生态学、经济等方面做了大量探索（王祥荣，2001；周廷刚等，1999）。目前，城市绿化量指标日益受到重视，它指生长中植物茎叶占据的空间体积，克服了二维绿化值的不足，更有效地反映城市绿地生态功能，使绿地评价向三维化迈进了一步。周一凡等基于绿量建立了上海市生态环境评价系统，还进行了环境质量预测、绿化方案决策等研究（周一凡等，2001）。

4）城市绿地规划研究进展

绿带、绿径、“生态网路”是最受关注的绿地建设理论。20 世纪 30—40 年代绿带理论在欧洲形成，主要用于限制大城市的蔓延。第二次世界大战后欧洲重建过程中，它对城市绿地建设产生了巨大影响，英国政府一直沿用绿带进行区域城镇体系规划。“绿径”是当前北美城市绿地规划的重要思想。绿径较少依赖高强度的政策干预，空间模式也显得更为自由，为一种较灵活的绿色空间发展策略（陈爽，2003；孙小静，2003）。城市众多绿径相互交织形成的绿地网络，具有形式灵活、功能强大、土地要求不严的特点（陈爽，2003）。

美国学者芒福德的“区域整体论”和《21 世纪城市：城市未来柏林宣言》是现代城市绿地规划趋势的重要理论基石（王欣，2001）。他指出：21 世纪城市绿地规划要突出区域特征，强调改善生物多样性及生态环境，实现城市区域社会、经济、环境和空间发展的有机结合，即绿地系统规划要符合生态性、生物多样性、野郊休闲性、人居环境舒适性和可持续利用性，要扩大到整个城市区域范围，建立城乡一体化的大园林、大绿地系统。

1.2.3 对研究进展的总结

（1）景观生态学已经介入城市绿地研究。它的景观格局决定生态过程的思想指导人们有意识地探讨城市绿地景观格局对其生态效益的制约，在城市绿地的热环境效应、城市绿地对生物多样性保护的贡献等方面取得了一些成果。

（2）我国城市绿地评价方法有了一定的进步，但仍需进一步改进，因为这些方法评价的大多只是绿地的卫生防护效应，而不是其完整的生态效益。已有的城市绿地评价指标不能完整地反映城市绿地的空间配置特征，然而，在城市绿地面积确定的情况下，其生态效益大小恰恰取决于空间配置。

（3）由于没有可靠、完整的城市绿地评价方法，城市绿地规划虽然引入了廊道、网络等基于景观生态学的新概念，但是这些新概念主要以提高生物多样性、为人群就近服务、节约土地空间为出发点，在这些概念指导下建设的城市绿地生态效益究竟如何还需论证。

1.3 主要研究内容

1.3.1 城市绿地景观的生态服务功能

关于城市绿地的生态效益，不同学科的研究者有不同的侧重点，因此衍生了许多相关的概念，如生态功能、环境效应、生态效应、防护作用等。这反映了人们对城市绿地生态效益的理解还不统一、不全面。借助景观生态学中的生态系统服务功能理论，可以总结出城市绿地景观的生态服务功能，全面阐释城市绿地的生态效益。

1.3.2 城市绿地景观格局如何制约其生态服务功能

城市绿地的生态服务功能是通过城市景观要素内部或相互之间的生态过程实现的，它必然决定于城市绿地景观格局以及城市绿地景观与城市景观其他要素之间的数量关系与空间关系。严格来讲，后者属于城市景观格局特征。本书为表述方便，将这两方面统称为城市绿地景观格局。如前所述，城市绿地空间配置如何影响其生态效益是城市绿地规划的理论基础。按照景观生态学的概念体系，城市绿地空间配置如何影响其生态效益可以表述为城市绿地景观格局如何制约其生态服务功能。

本书利用景观生态学原理和概念框架，借鉴已有的城市绿地、城市生态研究成果，全面研究、总结城市绿地景观格局对城市生态服务功能的制约作用，构建城市绿地规划的理论基础。

1.3.3 生态服务功能导向的城市绿地规划模式

本书提出了一种生态服务功能导向的城市绿地规划模式。它的特点是：以城市绿地景观格局如何制约其生态服务功能为理论基础，对城市绿地景观进行定性与定量相结合的评价。在评价城市绿地景观的基础上，根据城市人居环境特点，本着最大幅度地提升城市绿地生态效益的宗旨，综合考虑经济与文化因素的制约，提出城市绿地景观规划方案。

1.3.4 生态服务功能导向的南京城市绿地规划

运用生态服务功能导向的城市绿地规划模式，评价、规划南京城市绿地，促进南京城市绿地空间配置的优化，推动南京生态城市建设。

1.4 研究方法与技术路线

1.4.1 研究方法

（1）理论研究与实证、实例相结合

本书从理论研究开始，将自然系统生态服务功能理论应用于城市绿地，得出城市绿地的生态服务功能；将景观格局—景观过程相互作用理论，应用于城市绿地景观，解答城市绿地景观格局如何制约其生态服务功能。这些理论研究离不开城市地理学、城市生态学、园林学、环境科学、城市气候学等学科已有的城市绿地、城市生态研究成果，这些成果可以和本研究的理论成果相互验证、互相解释。

生态服务功能导向的城市绿地规划模式是根据城市绿地景观格局对城市生态服务功能的制约作用，以生态系统综合评价、景观生态规划理论为指导而归纳得出的。在本书最后，以南京为例对这种城市绿地规划模式进行了应用。

（2）资料收集与实地调查

在研究过程中，除了参阅景观生态学、城市生态学、城市地理学、城市气候学、园林学等学科的大量国内外文献外，还参考了有关南京市的资料，主要有：

南京市城市土地利用图（南京市地理与湖泊研究所，2004）；

南京市2002年8月21日的ETM影像图；

南京市环境状况公报（南京市环保局，2001—2003年）；

南京市生态环境遥感调查报告（南京市环保局，2003年）；

南京市城市总体规划（南京市城市规划设计研究院，1991年）；

南京市总悬浮颗粒物来源与控制对策研究报告（南京市环境监测中心站，2000）。

实地调查是为了从遥感图像中提取南京城市绿地信息，选择不同类型的有代表性的绿地景观样区，调查内容包括绿地景观面积、绿地形状、植被垂直层次等。

（3）遥感与GIS技术支撑

景观生态评价与规划越来越依靠遥感和GIS技术的支撑。本研究提出的生态服务功能导向的城市绿地规划模式也注重遥感和GIS的技术支撑作用。实例研究中，南京城市绿地景观、城市热场分布信息就是从ETM影像中提取的，所得的绿地景观分布图还与南京市政区图、南京市土地利用图进行了叠加分析。

1.4.2 技术路线

本研究的技术路线如图1-1所示：

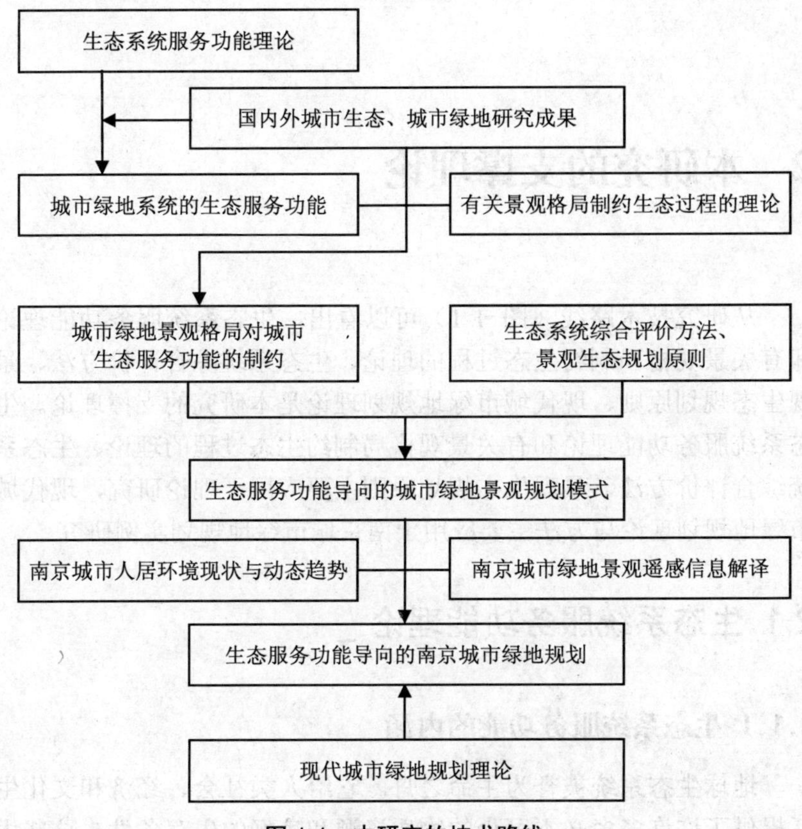

图 1-1 本研究的技术路线

2 本研究的支撑理论

从研究技术路线（图 1-1）可以看出，生态系统服务功能理论和有关景观格局制约生态过程的理论、生态系统综合评价方法、景观生态规划原则、现代城市绿地规划理论是本研究的支撑理论。生态系统服务功能理论和有关景观格局制约生态过程的理论、生态系统综合评价方法、景观生态规划原则主要应用于理论研究，现代城市绿地规划理论与方法主要应用于南京城市绿地规划实例研究。

2.1 生态系统服务功能理论

2.1.1 生态系统服务功能的内涵

地球生态系统被誉为生命之舟。它给人类社会、经济和文化生活提供了许许多多必不可少的物质资源和良好的生存条件。这些由自然系统的生境、物种、生态学形态、性质和生态过程所生产的物质及其所维持的良好生活环境对人类的服务性能称为生态系统服务（蔡晓明，2000），即人类赖以生存的自然环境条件与效用（Daily，1997）。它不仅包括各类生态系统为人类提供的食物、医药及其他工农业生产的原料，更重要的是支撑与维持了地球的生命保障系统，维持生命物质的地球化学循环与水文循环，维持生物物种与遗传多样性，净化环境，维持大气化学的平衡与稳定。

生态系统的服务功能与生态系统的功能含义有所不同，前者是针对人类而言的，是后者的组成部分。生态系统的功能只有一小部分被人类利用。对于人类来说，生态系统的功能有直接和间接之分，这里面存在着非常复杂的关系。如何充分利用生态系统的服务而又不导致生态失衡，是生态系统管理的目标之一。

Costanza 等把生态系统服务分为 17 个项目（表 2-1）。有学者将生态系统的服务功能分为 4 个层次：生态系统的生产功能（包括生态系统的产品及生物多样性的维持等）、生态系统的基本功能（包括传粉、传播种子、生物防治、土壤形成等）、生态系统的环境效应（包括缓解干旱和洪涝灾害、调节气候、净化空气、处理废物等）和生态系统的娱乐价值（休闲、娱乐、文化、艺术修养、生态美学等）（傅伯杰等，2001）。

表 2-1 生态系统服务项目一览表（Costanza 等，1997）

序号	生态系统服务	生态系统功能	生态系统服务举例
1	气体调节	大气化学成分调节	CO_2/O_2 平衡，SO_2 平衡
2	气候调节	全球湿度、降水和其他以生物为媒介的地区及全球性气候调节	温室气体调节，影响云形成的 DMS 产物
3	干扰调节	生态系统对环境波动的容量衰减和综合反应	风暴防止、洪水控制、干旱恢复
4	水调节	水文调节	为农业、工业和运输提供用水
5	水供应	水的储存和保持	向集水区、水库和含水岩层供水
6	控制侵蚀和保肥保土	生态系统内的土壤保持	防止土壤被风、水侵蚀，把淤泥保存在湖泊和湿地中
7	土壤形成	土壤形成过程	岩石风化和有机质积累
8	养分循环	养分的储存、内循环和获取	固氮，N、P 和其他元素及养分循环
9	废物处理	过多或外来养分、化合物的去除或降解	废物处理，污染处理，解除毒性
10	传粉	有花植物配子的运动	提供花粉以便植物种群繁殖
11	生物防治	生物种群的营养动力学控制	关键捕食者控制被捕食者种群，顶位捕食者使食草动物减少

序号	生态系统服务	生态系统功能	生态系统服务举例
12	避难所	为常居和迁徙物种提供生境	育雏地、迁徙动物栖息地、当地收获物种栖息地或越冬场所
13	食物生产	总初级生产中可用作食物的部分	通过渔、猎、采集和农耕收获的鱼、鸟兽、作物、坚果、水果等
14	原材料	总初级生产中可用作原材料的部分	木材、燃料
15	基因资源	独一无二的生物材料和产品的来源	医药、材料科学产品，用于农作物抗病和抗虫的基因，家养物种
16	休闲娱乐	提供休闲旅游活动机会	生态旅游、钓鱼活动及其他户外游乐活动
17	文化	提供非商业性用途的机会	生态系统的美学、艺术、教育、精神及科学价值

2.1.2 自然生态系统服务功能的特点

第一，自然生态系统服务功能是客观存在的。正如 Wilson 所指出的那样："自然系统的服务功能不需要人类，人类却需要它们。"尽管自然系统服务的性能和效益可以被人和有感觉能力的动物感觉到，但不能说感觉不到的自然服务效益就不存在，就没有意义。

第二，生态系统服务功能与生态过程紧密地联系在一起，它们都是自然生态系统的属性。自然生态系统中植物群落和动物群落、自养生物和异养生物的协同关系、以水为核心的物质循环、地球上各种生态系统的共同进化和发展等，均包含着各种各样的生态过程。

第三，自然作为进化的整体，是服务功能的源泉。自然生态系统在不断进化和发展中产生更加完善的物种，演化出更加完善的生态系统，这一进化过程维护着它派生出的性能，并不断促进这种性能的进一步完善。

2.2 有关景观格局制约生态过程的理论

2.2.1 景观生态学基本概念

（1）景观

关于景观（Landscape）的定义，目前有多种表述，可概括为狭义和广义两种。狭义景观是指在几十千米至几百千米范围内，由不同类型生态系统所组成的、具有重复性格局的异质性地理单元。它是地球表面空间的一部分，是由岩石、水、空气、植物、动物以及人类活动所形成的复合体，并通过其外貌构成一个可识别的实体。广义景观则包括出现在从微观到宏观不同尺度上的，具有异质性的空间单元。广义景观概念强调空间异质性，景观的绝对空间随着研究的对象、方法和目的的不同而变化。它体现了生态学系统中多尺度和等级结构的特征，有助于多学科、多途径研究。

（2）景观格局

景观生态学中的格局是指空间格局，广义地讲，它包括景观组成单元的类型、数目以及空间分布与配置。景观格局特征可通过一系列数量方法进行研究。

组成景观的结构单元有三种：缀块、廊道和基质。缀块是指与周围环境在外貌或性质上不同，并具有一定内部均质性的空间单元。应该强调的是，这种所谓的均质性，是相对于其周围环境而言的。具体地讲，缀块可以是植物群落、湖泊、平原、农田或居民区等。因此，不同类型缀块的大小、形状、边界以及内部均质程度都会表现出很大的不同。廊道是指景观中与相邻两边环境不同的线性或带状结构。常见的廊道有防风林带、河流、道路、峡谷、输电线等。基质则是指景观中分布最广、连续性最大的背景结构。常见的有森林基质、草原基质、农田基质、城市用地基质等。事实上，在实际工作中，要确切地区分缀块、廊道和基质有时是困难的，也是不必要的。因为景观组成单元的划分总是与观察尺度相联系的，所以缀块、廊道和基质的区分往往是相对的。

（3）生态过程

景观是缀块、廊道、基质组成的镶嵌体。在景观镶嵌体中发生着一系列具有生态学意义的现象或事件，称为生态过程。根据内容，生态过程分为生物过程、非生物过程和人文过程。生物过程如某一地段内植物的生长，有机物的分解和养分的循环利用过程，水的生物自净过程，生物群落的演替，捕食者和猎物的相互作用，物种迁移等。非生物过程如风、水、土及其他物质的流动，能流和信息流等。人文过程则是城市景观中最复杂、最常见的过程，包括人的空间运动，人类的生产和生活过程，以及与之相关的物流、能流和价值流。从空间上分，景观中的这些过程可分为垂直过程和水平过程。垂直过程发生在某一景观组成单元或生态系统的内部，而水平过程发生在不同的景观组成单元或生态系统之间。

（4）尺度

广义上讲，尺度是指在研究某一物体或现象时所采用的空间或时间单位，同时又可指某一现象或过程在空间和时间上所涉及的范围或频率。前者是从研究者的角度来定义尺度，而后者是根据所研究的过程或现象的特征来定义尺度。尺度可分为时间尺度和空间尺度。尺度以粒度和幅度来表达。空间粒度是指景观中最小可辨识单元的长度、面积和体积；时间粒度指某一现象或时间发生的频率或时间间隔。幅度是指研究对象在空间或时间上的持续范围或长度。

（5）空间异质性

空间异质性是指某种生态学变量在空间分布上的不均匀性及复杂程度，是空间缀块性和空间梯度的综合反应。缀块性强调缀块的种类组成特征及其空间分布与配置关系，比异质性在概念上更为具体化一些（邬建国等，1992）。梯度是指沿某一方向景观特征有规律地逐渐变化的空间特征。异质性是指系统特征在时间和空间上的复杂性和变异性，系统特性可以是具有生态学意义的任何变量（如植物生物量、土壤养分、温度等）。

空间异质性依赖于尺度，粒度和幅度对空间异质性的测量和理解有重要的影响。空间异质性的确定还与数据类型有关。景观中不同的缀块类型可能有各不相同的变异性和复杂性。对于点格局数据，空间异质性可以根据点的密度和最近邻体距离的变异性来测定。对于类型图（如土地利用图、植被图），空间异质性可以根据其缀块组成和配置的复杂性来测定。缀块组成包括缀块类型的数目和比例，而配置则包括缀块的空间排列、缀块形状、相邻缀块之间对比度、相同类型缀块之间的连接度、各向异性特征。对于数值图（如生物量分布图、水分或养分含量图），空间异质性可以根据其变化趋势、自相关程度、各向异性特征来描述。

（6）生态学干扰

生态学干扰指发生在一定地理位置上，对生态系统构成直接损伤的、非连续性的物理作用或事件。生态学干扰来自于系统外部，并发生在一定的尺度上。一个事件是否是干扰取决于两方面：是否来自系统外部；是否改变了系统的结构。干扰具有多尺度性，对于生态系统而言的干扰，在景观水平上也许可以忽略不计。这种现象被称为对干扰的“兼容”。

2.2.2 景观组成单元的结构和功能特征

邬建国对景观组成单元的结构与功能特征做了较为全面的总结（邬建国，2000）：

1）缀块的结构和功能特征

（1）景观中缀块面积的大小、形状以及数目对生物多样性和各种生态过程都会有影响。

（2）边缘效应。它是指缀块边缘部分由于受外围影响而表现出与缀块中心部分不同的生态学特征的现象。许多研究表明，缀块边缘部分常常具有较高的物种丰富度和初级生产力。

（3）缀块结构与生态过程的联系。缀块的结构特征对生态系统的生产力、养分循环和水土流失等都有重要影响。例如，景观中不同类型和大小的缀块可导致其生物量在数量和空间分布上的不同。

由于边缘效应，生态系统光合作用效率以及养分循环和收支平衡特征都受缀块大小及有关结构特征的影响。缀块边缘常常是风蚀或水土流失程度严重之处。一般而言，缀块越小，越易受到外围环境或基质中各种干扰的影响。而这些影响的大小不仅与缀块的面积有关，同时也与缀块的形状及其边界特征有关。

（4）缀块形状及其生态学效应。缀块的形状是多样的。相对于农田、居民区等人为缀块，自然形成的缀块形状往往更加复杂。缀块的形状特点可用长宽比、周界—面积比、分维数等方法描述。长宽比越小，形状就越紧密，越有利于保蓄能量、养分和生物。缀块长宽比越大，形状越松散，则越易于促进缀块内部与外围环境的相互作用，尤其是能量、物质和生物方面的交换。

2）廊道的结构与功能特征

廊道的重要结构特征包括：宽度、组成内容、内部环境、形状、连续性及其与周围缀块或基质的相互关系。廊道的主要功能，可以归纳为以下 4 类：

（1）生境；

（2）传输通道；

（3）过滤和阻抑作用；

（4）作为能量、物质和生物的源或汇。

3）网络与基质的结构和功能特征

在景观中，廊道常常相互交叉形成网络。网络具有一些独特的结构特征，如表征单位面积廊道数量的网络密度，表征廊道相互之间连接程度的网络连接度，以及表征网络中廊道形成闭合回路程度的网络闭合性。网络的功能与廊道相似，但其与基质的作用更加广泛和密切。网络的功能要根据其组成和结构特征以及与所在景观的基质和缀块的相互关系来确定。基质是景观中出现最广泛的部分。Forman 认为，识别基质的标准有三个，即面积上的优势、空间上的高度连续性和对景观总体动态的支配作用（Forman，1995）。

2.2.3 景观镶嵌体格局与生态过程

景观空间格局与生态过程的关系是景观生态学研究中的一个核心问题。要研究这一问题，往往有必要定量地描述景观空间格局。可以测量的景观空间格局特征包括一些直观的指标，如缀块数量、大小、形状及其相对空间位置，也包括一些统计特征，如不同的分布类型、空间相关特征等。

景观空间格局影响能量、物质以及生物在景观中的运动。概而言之，能量、物质与生物通过 5 种媒介在景观镶嵌体中运动：风、水、飞行动物、地面动物及人类。而其主要的运动方式有 3 种：

（1）扩散：通常假设扩散运动是随机的，其一般形式可表达为：

$$Q=-k\nabla C$$

式中：Q——某物质（或种群）的扩散通量；

k——扩散系数；

∇C——该物质的浓度或密度梯度。

（2）物流：包括河流、地表与地下径流。物流受重力支配，并受土壤、地形、植被等因素的影响。

（3）携带运动：指动物和人在景观中的活动对能量、物质与生物体在空间上的重新分配。

2.3 生态系统综合评价的概念与方法

傅伯杰等对生态系统综合评价进行了较为全面的理论总结（傅伯杰等，2001）。城市绿地景观、城市景观都可以看作生态系统的一个层次。生态系统综合评价的理论与方法对城市绿地评价具有重要指导意义。

2.3.1 生态系统综合评价的概念

生态系统综合评价是分析生态系统提供对人类发展具有重要性

的生产及服务能力，这种能力对于满足人类的需要非常重要，而且最终可以影响到一个国家的发展。生态系统综合评价包括对生态系统的生态分析和经济分析，而且也考虑生态系统的当前状态及今后可能的发展趋势。

生态系统综合评价并不仅仅关注生态系统的单项产品与服务，而是生态系统所能提供的一系列产品和服务。生态系统综合评价的优点是为审视各种产品与服务之间的平衡提供了一个框架。生态系统综合评价的方法是先分别评价系统提供各种产品与服务的能力，再在这些产品和服务之间作出权衡。

2.3.2 生态系统综合评价的基本特征

生态系统综合评价有以下两个基本特征：

（1）地域性

评价的主要对象是生态系统本身，即特定地域的生物系统及其相关的物理环境，并考虑影响系统的因子，这些因子或许是本地的，或许是异地的。

（2）多维性

生态系统评价的方法是提供一系列指示因子，评价它们如何影响生态系统；同时评价生态系统的变化如何影响整个系列的生产和服务功能。而一维评价集中在生态系统单项的产品及功能上或单个因子影响生态系统上。

2.3.3 生态系统综合评价在时空尺度上的转换及扩展

尺度问题是评价生态系统状况的一大难点，因为地球的任何一个缀块皆可被定为一个生态系统。这样系统外总有一系列的因子影响生态系统的功能，同时也有能流、物流及不同的产品及服务功能扩展于系统之外。同时，评价的范围越大，越容易失去地域特点，而这些特点往往是决策者们制定政策所必需的。比如，世界范围内40%的土壤退化可能引起广泛关注，但对于地方土地管理者可能没什么意义。

（1）时间尺度变换

生态系统评价的时间尺度可以是几年，也可以是几十年、几百年、上千年。并不是说评价的过程需要那么长时间。恰恰相反，综合评价的现实目标是生态系统管理，所以评价要求其在较短的时间内提供生态系统生产与服务功能现状、变化趋势及管理所造成的生态影响等。这要求评价研究的基础是对长期生态研究及现有的资料进行综合。

（2）空间尺度变换

生态系统综合评价可以在不同空间尺度上进行，各空间尺度生态系统综合评价的转换非常有必要。生态系统综合评价在空间尺度上可分为 5 个层次：生态系统、景观尺度、区域尺度、大陆尺度及全球尺度。遥感和 GIS 技术的发展为中尺度、大尺度的生态系统综合评价提供了信息获取手段和数理分析方法。

2.4 景观生态规划的概念与原则

2.4.1 景观生态规划的概念

由于景观生态学在土地利用规划、区域规划中的突出作用，土地利用规划、区域规划逐步改用“景观生态规划”一词来表述，也称作“景观规划”。很多国内外学者对景观生态规划的概念做出阐释。

V. Vanicek 认为，“景观生态规划是人类为了自身利益而尽量使地球表面的有限面积得以充分利用，同时又能保持其生产力与风景的一个持续不断的努力过程”（贾宝全，2000）。傅伯杰认为，“景观生态规划是通过分析景观特性以及对其判断、综合和评价，提出最优利用方案”（傅伯杰，1991）。孙永斌等则把景观生态规划的概念表述为：“景观生态规划与设计是运用景观生态学原理解决景观水平上生态问题的实践活动，是景观管理的重要手段，也是景观生态学的有机组成部分。其焦点在于景观的空间组织，维持和发展异质性”（孙永斌等，1991）。

虽然不同学者的文字表述有些差异，但核心内容均是一致的，即都承认景观生态规划是景观尺度上的一种实践活动，规划的目的在于从景观的结构与功能两方面入手对景观进行优化利用。

2.4.2 景观生态规划的基本原则

根据前捷克斯洛伐克的景观生态规划理论体系，景观生态规划应坚持7个原则（许慧等，1993）：

（1）整体优化原则。景观生态规划应把景观作为一个整体单位来管理，力求达到整体最优，而不必苛求局部的优化。

（2）异质性原则。异质性是景观的最重要特性之一，景观空间异质性的维持与发展应是景观生态规划的重要原则。

（3）多样性原则。多样性对于景观的生存与发展具有重要意义，它既是景观规划与设计的准则，又是景观管理的结果。

（4）景观个性原则。景观生态规划要因地制宜，体现当地景观的特征。

（5）遗留地保护原则。对原始自然保留地和宝贵的历史文化遗迹实行绝对的保护。

（6）生态关系协调原则。指人与环境、生物与环境、生物与生物、社会经济发展与资源环境、景观利用的人为结构与自然结构以及生态系统与生态系统之间的协调。把社会经济的持续发展建立在良好的生态环境基础之上，实现人与自然的和谐共生。

（7）综合性原则。景观是自然与文化的载体，其结构异常复杂。景观规划与设计需要应用多学科的知识，来综合分析景观各要素。

2.5 现代城市绿地规划理论

随着我国城市职能由生产向服务的转移，对城市环境提出了更高的要求，而城市绿地规划却仍滞后于城市建设的需要。见缝插针的绿地布局方式已不能满足改善城市景观及生态环境的要求。城市绿地规划需要从城市发展理论、城市景观生态学等学科获得更多的理论支撑。“绿带”、“绿径”是从这些学科中衍生的、最受关注的现代绿地规划理论。陈爽等学者对这两个理论的起源、内涵与应用现状作了较为全面的总结（陈爽等，2003）。

2.5.1 “绿带”理论

“绿带”理论形成于 20 世纪三四十年代。形成初期，主要用于限制大城市的蔓延。第二次世界大战后，转为致力于引导城市的有序扩张。

绿带区是城市外围一个特殊用地区，它具有明确的范围，受政策法规的保护。绿带更多地体现为引导城市有序扩张的政策，而不仅仅是空间结构模式。英国现行《规划政策指导条例》明确指出设置绿带的目的在于：控制大城市建成区的无序蔓延，保护外围乡村地区免受侵蚀，防止城区的相互连接，保持历史城镇的特色，促进城市振兴， 以及为城市居民提供开敞空间和就近休闲康乐场所。被划为绿带的地区只可用于开发农业、林业、户外运动场等适合于乡村的用地形式（John H，1990）。

英国政府一直沿用绿带政策进行区域城镇体系规划。用绿带阻止城市无限连续的扩张，并将城市人口疏散到绿带外的新市镇中，从而降低中心区地价，为城市内部绿色空间建设创造条件。同时，伴随绿带政策的实施，各城市在产业设置上也力求为大部分居民提供就近就业的机会，从而在根本上解决城市无序蔓延的问题。

我国一些城市正尝试建设城郊林带，如吉林长春市已在城外建成宽达数百米的人工林带，乌鲁木齐、兰州等城市也正着力于城郊林带的建设。但其主要作用在于一般意义的城市环境改造，很少与城市未来发展的空间结构及土地开发政策相联系。

2.5.2 “绿径”理论

在“绿带”理论对欧洲城市产生巨大影响的同时，北美则诞生了同样影响深远的“绿径”理论。相对于“绿带”，“绿径”较少依赖高强度的政策干预，空间模式上也显得更为自由。

绿径原本指城市以外，连接两个或多个城市的绿色走廊，多数依托河流形成，后来这一概念被城市规划者应用和发展。Ahern 将绿径定义为：一种由线状物构成，经规划、设计和管理形成的网络体系，它兼备生态、自然保护、康乐、文化、美学、交通、城区分隔等多重功能，具有可持续土地利用特征（Ahern J，1995）。绿径具有多种功能，不仅为城市带来新鲜空气、为野生动植物提供活动空间，还可通过空间分割兼顾康乐休闲、历史文化保护和交通等功能。基于这种兼容性，采用绿径的空间组织形式可以在保护自然的同时充分利用自然资源为人类服务。

绿径在美国广泛发展源于 1987 年美国总统关于户外环境的报告（Little C E，1990）。其中心内容就是向人们描述一种充满活力的绿径网络。此后，城市绿径成为一种时尚景观，仅在北美就有超过 500 个城市或地区已建或正在建设绿径。它的形式也多种多样，由 30 英尺长的步行径到几英里、几百英里长的风景廊道，都可归入绿径之列（Searns，1995）。绿径是一种较为灵活的绿地发展策略，它不强调对景观的改变和控制，而将主要视角放在河滨、山谷、路边等环境敏感地区，降低了获取土地的难度。绿径规划设计的关键在于结点的定位及结点组成网络的模式，其主要内容包括规划区土地覆盖状况分析、野生动植物生存环境分析及绿径网络的社会、经济和生态效应评价。

3 城市绿地系统的生态服务功能

3.1 城市绿地生态效益的构成

城市绿地是城市中具有反馈调节作用的子系统，具有多方面的生态效益。然而其到底具有哪些生态效益，一直以来，却没有明确的结论。Costanza 的生态系统服务功能理论为分析城市绿地的生态效益的构成提供了理论支持。作为一种自然生态系统，城市绿地具有所有 17 项自然生态系统服务功能。然而，各项生态服务功能对于城市居民、城市人居环境的意义大小不同。一般来说，城市绿地系统的大气（气体）调节、气候调节、干扰调节、水土保持、生物多样性维持、灾害避难、休闲娱乐、文化展示 8 项生态服务功能对于改善城市人居环境的作用更明显、更直接，构成城市绿地最突出的生态效益。表 3-1 对它们的内容进行了归纳。

表 3-1 城市绿地系统的主要生态服务功能

序号	生态服务功能	内 容
1	大气（气体）调节	阻滞、吸收大气污染物；保持碳氧平衡；降低噪声
2	气候调节	降温增湿作用
3	干扰调节	防风；阻止大火蔓延
4	水土保持	蓄水保土；净化水质
5	生物多样性维持	保存动植物物种
6	灾害避难	在地震、火灾等灾害中作为居民安置地
7	休闲娱乐	提供休息、娱乐的绿色环境
8	文化展示	展现城市风貌；审美

3.2 气体调节生态服务功能

3.2.1 净化空气

这一功能包括两个方面，一是它能吸收 CO_2 并产生 O_2，二是能够吸收大气中的有害气体，净化空气。

3.2.2 减少粉尘和细菌

绿色植物，特别是高大乔木能减小风速，使大粒粉尘沉降地面。同时，植物叶子表面粗糙不平、多绒毛，有些植物还能分泌油脂和黏性物质，可吸附、滞留一部分粉尘。

城市绿地还具有杀菌的作用。有些植物能分泌出一种挥发性物质，这些挥发性物质可杀死细菌等单细胞微生物。前苏联学者在 20 世纪 30 年代研究了 500 种以上的植物后发现：杨、圆柏、云杉、桦木、橡树等都能制造杀菌素，杀菌素可以杀死结核、霍乱、赤痢、伤寒、白喉等病的病原菌。

3.2.3 降低噪声

降低噪声是一项综合性的工程，要针对噪声源采取多种方法进行治理。但是，传输声音的声波是可以被隔离的。如果在噪声和它的接受者之间，设置隔离带，阻止噪声的传输，就可以减少噪声对人的干扰。树木就具有很强的隔音功能。例如，经测试，南京市中山东路是一条主干道，但它完全被高大而又茂密的法国梧桐行道树覆盖，路上的汽车声通过直径约 12 m 的树冠，传到沿街三楼时，强度减低 5dB。可见，在有条件的地方，选用枝叶比较茂密的树木，并因地制宜地适当配置树丛或林带，是对降低居民区的噪声既经济实用，又行之有效的好方法。

3.3 气候调节生态服务功能

3.3.1 光照调节

绿色植物是调节城市光照强度最有效的方法之一。原因是树叶可反射、折射光源，在降低直接辐射强度的同时，变直射光为散射光，散射光的紫外线辐射量大为降低。越是密集的植物群，反射、折射率越高。

3.3.2 温度调节

要改善一个居民区，或一座城市的环境气温，绝不是安装空调所能解决的。最有效的方法就是增加城市绿地。无论是高大的乔木，或是低矮的小乔木、灌木，甚至是小草，都能起到吸热和隔热的作用。同时，密集的、多层次的防护林带，可以使从北方随大风而来的冷空气大为减弱。在盛夏，当城市的气温达到33～35℃，树林里甚至可以保持在25℃；而在冬季，森林里的温度要比森林外高出4～5℃。

3.3.3 湿度调节

城市绿地还可以调节空气相对湿度。自然环境的湿度是可以通过人为的方法加以改变的，人为地改变湿度环境的方法也很多，例如要增加湿度，可以增加城区和居民区及其周边地区的水面，多设喷泉乃至使用人工降雨等；要想减低湿度，则必须注意环境的通风透光，减少空气中水分的来源。但是，只有利用树木和其他植物来调节整个城市或居民区内的空气相对湿度，效果最为明显。因为植物涵养水分的作用几乎没有别的东西可以加以取代。当大气中的水分过多时，植物能够通过它的根、茎、叶、花、果，将其吸收并储存起来；当大气中的水分不足，空气干燥时，植物就会通过蒸腾作用，将其机体内储存的水分散发到大气层中，弥补空气中水分的不足。只有在湿度很大的局部地区，过于茂密的树木达到了足以影响到通风透光的程度时，树木才能再加大该地区的湿度，而不能降低其湿度。

3.4 干扰调节生态服务功能

这里的干扰，指的是生态学干扰。生态学干扰指发生在一定地理位置上，对生态系统构成直接损伤的、非连续性的物理作用或事件。一个事件是否是干扰取决于两方面：是否来自系统外部；是否改变了系统的结构。生态学干扰来自系统外部，并发生在一定的尺度上。

城市绿地的干扰调节生态服务功能有两层含义，一是对自身所受干扰的抵御和恢复能力，二是对城市所受干扰的抵御能力。

作为一个自然系统，城市绿地具有一定的稳定性。当火灾、砍伐等干扰低于一定限度时，城市绿地可以自我恢复，这就在一定程度上省却了人们补植、维护的辛劳。此外，利用城市绿地对火灾的抵御能力，在建筑群中间种不易燃树种，可以有效防止大火的蔓延。

对于城市生态系统来说，最常见的自然干扰是足以摧毁树木、房屋，破坏城市空间结构的大风、洪水、海啸、火山爆发和地震。战争则是典型的作用于城市的人为干扰。城市绿地对于城市所受生态学干扰的调节功能是片面的、有限的。很明显，城市绿地所能调节的干扰仅限于自然干扰中的大风，而且这种调节作用只是一定程度的，即使绿地与山体结合，共同作用。

3.5 水土保持生态服务功能

城市虽然通常以铺装地面为主，但是仍然有相当面积的裸土。城市绿地控制土壤侵蚀，水土保持的功能对于城市，尤其是地形起伏较大的城市有重要意义。因为，水土保持意味着对水体的净化，意味着空气中粉尘含量的降低。城市绿地自身的存在也以水土保持为前提。

城市绿地通过枝叶截留降水，减小降水对地面的冲击力。枯枝落叶层、土壤可以吸收降水，有利于水分下渗，减少地表径流，对防止和减少水土流失，减少河道、湖泊、水库的淤积有明显效果。同时，通过林冠层对降水的过滤、土壤微生物对化合物的分解、土壤对金属元素的吸附及沉淀等生态过程，城市绿地可在一定程度上改善水质。

3.6 生物多样性维持生态服务功能

城市地区人口多，建筑多，野生动植物的生存空间受到很大的限制。除少数伴人种外，野生动物几乎都栖息在较大规模的自然或人工绿地之中，城市绿地为它们提供了最后的避难地。虽然在人工的装饰绿地中，原生植被大多被引入的园林绿化植物所取代，但是在自然绿地、半自然的公园绿地和农林绿地中，还有相当数量的原生植被存在。

3.7 灾害避难生态服务功能

城市处于地震等灾害的威胁之下。在城市规划中，应当预先规划严谨的防灾救灾空间与路径，以减轻突发灾害造成的人员、财物损失，提升救援效率。达到一定规模的城市绿地、广场，是城市中少有的开阔空间，恰可以充当灾害中的避难空间。

3.8 休闲娱乐生态服务功能

提供娱乐休闲环境一直是城市绿地建设的重要目标，也是早期城市绿地建设的初衷。所以，在很多城市中，大型绿地都以风景区、公园的形式存在，具有良好的休闲娱乐功能。

3.9 文化展示生态服务功能

文化特色是城市风貌、城市社会行为、观念、城市性质的综合反映。城市绿地是城市风貌的自然本底，是塑造城市文化特色的基础。同时，城市绿地是人为干预的自然系统，它与城市历史、文化存在千丝万缕的联系，突出表现在很多植物物种被赋予人格化的特征，其配置、使用独具匠心，别有深意。总之，无论是在城市的现代商业区，还是在城市的历史风貌区、历史纪念地，植被、绿地都是重要的审美和文化要素。

4 城市绿地景观格局对城市生态服务功能的制约

4.1 城市绿地景观概述

4.1.1 城市绿地景观的概念

周廷刚等在研究城市绿地空间结构时，把一个城市中所有绿地组成的整体，这样一个不连续的地域称为城市绿地景观（周廷刚等，2003）。城市绿地景观可以从两个方面来理解。如果研究城市地域时，采用的粒度较大，忽略城市绿地的内部差异，城市绿地景观就是城市景观的一种缀块类型；如果研究城市地域时，采用的粒度较小，强调城市绿地的内部差异，城市绿地景观就是由多种绿地缀块组成的一个景观，虽然它在空间上是跳跃的、非连续的。这与广义景观的概念是吻合的，只要是异质性的地域都可称为广义景观。

引入城市绿地景观的概念，就可以通过一系列的景观指数定量分析城市绿地的类型结构和空间结构，以及城市绿地与建筑、水体等其他城市景观要素的数量关系和空间关系。

4.1.2 城市绿地景观的组成

从空间形态角度看，城市绿地由绿地缀块和绿地廊道构成。

（1）绿地缀块

指平面形态在各轴向发育差别不大，非线性的绿地。城市中的大部分绿地都属于此类，主要包括：镶嵌于城市建筑物中的点状分布的建筑空间绿地；具有较大面积、连续面状分布的绿地，例如公园绿地、农林绿地、自然风景绿地等。

（2）绿地廊道

指在某一轴向特别发育的绿地，通常沿城市道路、河流或山体走向呈带状或线状分布。道路绿地、环城绿带、滨河绿带等都属于此类。绿地廊道可以将缀块绿地连接起来，构成空间与功能上联系紧密的城市绿地系统。

4.2 研究重点与分析方法

4.2.1 研究重点的确定

城市绿地的生态效益主要由气体调节、气候调节、干扰调节、水土保持、生物多样性维持、灾害避难、休闲娱乐、文化展示 8 项生态服务功能构成。这 8 项服务功能的空间特征是有明显差别的。

首先，有些生态服务功能在城市绿地景观与周围环境的相互作用中实现，而有些生态服务功能主要在绿地景观内部实现。前者包括气体调节、气候调节、干扰调节、休闲娱乐、文化展示、灾害避难；后者包括水土保持、生物多样性维持。

其次，有些生态服务功能由城市范围内的所有绿地共同实现，而有些服务功能主要由城市部分地段的绿地实现。前者包括气体调节、气候调节、水土保持、生物多样性维持；后者包括干扰调节、灾害避难、休闲娱乐和文化展示。

最后，各项生态服务功能的作用范围不同。气体调节、气候调节、休闲娱乐、灾害避难 4 项生态服务功能的作用范围是整个城市，而水土保持、生物多样性维持、干扰调节与文化展示 4 项生态服务功能的作用范围限于城市的局部。

综合以上考虑，在城市绿地规划中应重点关注、着力提升城市绿地的气体调节、气候调节、休闲娱乐、灾害避难 4 项生态服务功能。原因有二：第一，这 4 项生态服务功能作用的空间范围最大，关系到整个城市的人居环境；第二，这 4 项生态服务功能的实现以城市绿地景观与周围环境相互作用为条件，城市绿地景观格局对这些生态服务功能的影响更为显著。另外，其他 4 项生态服务功能中，生物多样性维持相对重要，在城市绿地规划中也要予以一定程度的关注。虽然生物多样性维持功能并不关乎城市整体人居环境质量，但是，它毕竟是城市绿地景观整体的功能之一，并且是城市绿地健康水平和可持续性的基础。

因此，本书重点研究城市绿地景观格局对气体调节、气候调节、休闲娱乐、灾害避难、生物多样性维持 5 项生态服务功能的影响。对于气候调节生态服务功能，重点研究其中的一个方面：夏季热岛缓解功能。对于气体调节功能，也是重点研究其中的一个方面：大气净化功能。因为，对于大多数城市来说，如何缓解城市夏季热岛是最棘手的气候调节问题，如何净化大气是最重要的气体调节问题。

4.2.2 分析方法与流程

生态系统的服务功能与生态过程紧密相连（傅伯杰，2001）。城市绿地的每一项生态服务功能都是通过一种或多种生态过程实现的。根据景观生态学原理，每一种生态过程都与景观格局存在确切的联系。因此，可以通过把每项生态服务功能分解为生态过程、分析生态过程与景观格局的联系两个步骤来研究城市绿地景观格局如何制约生态服务功能，如图 4-1 所示。

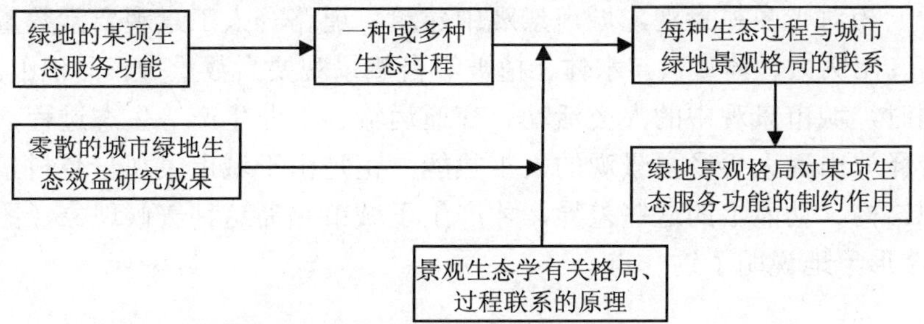

图 4-1　城市绿地景观格局对生态服务功能制约作用的研究流程

4.3 城市绿地景观格局与城市夏季热岛缓解

我国夏季普遍高温，城市由于受热岛效应的影响，高温灾害尤其明显。近年来，随着我国城市建设的迅猛发展，城市热岛普遍呈增强之势。北京、上海、福州、合肥、南宁等城市的热岛动态个案研究都证明了这一点（张光智等，2002；陈云浩等，2002；林志垒，2001；严平等，2000；凌颖等，2003）。加上全球变暖的影响，我国城市夏季高温灾害越发频仍和广泛，并呈继续加重的态势。

城市夏季高温除直接干扰居民的正常生活、危及居民身体健康外，还带来用电紧张、用水紧张等城市问题。利用城市绿地缓解城市夏季高温，已成为我国很多城市的当务之急。了解城市绿地缓解城市热岛的景观生态机制就显得尤其必要。

4.3.1 城市热岛源于城市景观与乡村景观的异质性

19 世纪初期，Howard 曾对伦敦城区和郊区的气温进行同时间的对比观测，发现城区气温比其四周郊区气温高。此后各国学者对不同纬度、不同类型的大大小小城市陆续做了大量的城、乡气温对比观测亦发现类似现象。“城市热岛”就成为城市气候中最普遍存在的典型特征之一。如美国洛杉矶市区温度的年平均值比周围农村约高 1.5℃，德国的柏林高 1.0℃以上，我国北京、重庆和武汉平均热岛强度也都在 1.0℃以上。

相对于乡村景观，城市景观中建筑、道路等人工景观要素数量多、比例大、体量大，水体、植被等自然景观要素数量少、面积小。同时，城市景观中的人类活动、交通运输、工业生产等生态过程，会释放出远大于乡村景观的人工热能。正是由于城市景观与乡村景观结构、功能上的这些差异，才产生了城市热岛这种气候现象，图 4-2 形象地说明了这一点。

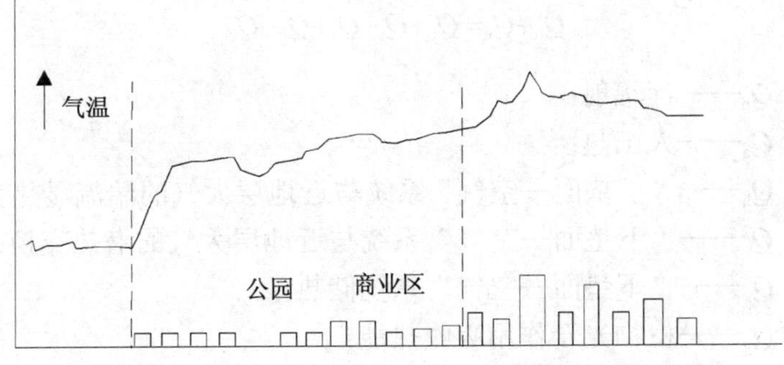

图 4-2　景观变化与热岛效应（据 Oke，1976）

4.3.2 城市绿地景观缓解城市夏季热岛的机制

对景观格局的分析因研究目标而定。研究城市绿地缓解城市夏季热岛的机制，只需关注城市绿地与其周围环境的异质性，而无须考虑城市绿地内部的异质性。因此，可以将城市景观简单地划分为城市绿地景观、城市水体景观、城市建筑景观 3 种缀块类型。分析表明，城市绿地的夏季降温功能通过直接降温效应、间接降温效应两种机制实现。

1）由于热力相关垂直生态过程的差异，城市绿地景观地温、气温通常低于城市建筑景观，实现直接降温效应

气象观测资料和人们的经验一致表明，城市绿地景观的地温、气温一般均低于城市建筑景观，这里的气温是指距离地面 1.5 m 的大气温度，它与人类的舒适度关系最为密切。老一辈气象学家周淑贞、年轻学者陈云浩先后对城市能量平衡、城市热岛形成机制做过深入的研究（周淑贞，1994；陈云浩，2004）。在研究中，他们不但比较了城市、乡村之间由于下垫面差异而导致的热力性差异，也比较了城市内部建筑、绿地、水体之间热力性质的差异。在此从景观生态学角度对他们的研究成果进行概括、提炼，以说明城市绿地景观气温、地温低于城市建筑景观的原因。

城市“下垫面—空气”系统的热平衡方程可表述为：

$$Q_n+Q_a=Q_h+Q_r+Q_s+Q_g+Q_t$$

式中：Q_n——净辐射；

Q_a——人工热；

Q_h——“下垫面—空气”系统与近地层大气的湍流显热交换；

Q_r——“下垫面—空气”系统与近地层大气的潜热交换；

Q_s——“下垫面—空气”系统储热量；

Q_g——植物光合作用吸收热能；

Q_t——“下垫面—空气”系统与周围环境的热平流量。

也可以表示为

$$Q_s=Q_n+Q_a-Q_h-Q_g-Q_t-Q_r$$

在城市景观的每一个缀块内部，进行着形式多样的垂直生态过程。有些垂直生态过程与地表热力性质密切相关，可将其统称为热力相关垂直生态过程。城市绿地景观、城市建筑景观两种异质缀块的热力相关垂直生态过程有明显的差异：

（1）由于建筑对太阳辐射的多次反射和吸收，城市建筑景观对阳光的综合反射率比城市绿地景观低 10%～30%；

（2）城市绿地景观的人工热耗低于城市建筑景观。在人工热耗很高的大城市，这种差距尤其明显；

（3）城市建筑景观的光合作用吸热量远远小于城市绿地景观；

（4）城市绿地景观与近地层大气的潜热交换量远大于城市建筑景观。城市建筑景观不透水面一般超过 50%，雨水滞留时间短，水分蒸发量较少；而城市绿地景观内，植被、土壤可以涵养水分，增加水分蒸发量，延缓水分蒸发时间；

（5）相对于城市绿地景观，城市建筑景观下垫面组成物质热惯量更大，吸热物质的表面积更大，因而储热量一般高出一倍以上。

由于城市绿地景观、城市建筑景观垂直生态过程的差异，导致二者“下垫面—空气”系统的储热量 Q_s 有较大差别。原因在于，城市建筑景观的人工热 Q_a 大于城市绿地景观，潜热交换 Q_r、光合

作用吸热 Q_g 小于城市绿地景观，可以用公式表示为：

$$\Delta Q_s=\Delta Q_a-\Delta Q_g-\Delta Q_r$$

城市建筑景观、城市绿地景观储热量的差别经常表现为城市建筑景观地温、气温高于城市绿地景观。这就意味着，在夏季，生活或停留在城市绿地景观内部的人们能够获得降温避暑的利益。在此将这种利益定义为城市绿地的直接降温效应，它作用于城市绿地景观的内部。

2）城市绿地景观通过局部大气湍流、风两种水平生态过程，缓解城市建筑景观高温，实现间接降温效应

除了直接降温效应，城市绿地景观还通过水平过程降低周围一定半径内城市建筑景观的气温，实现间接降温效应。间接降温效应以热力相关垂直生态过程差异导致的气温水平梯度为基础，而气温水平梯度一旦产生，就必然会导致间接降温效应，这也正符合景观生态学中异质性驱动水平生态过程的原理。

（1）城市绿地景观通过局部大气湍流实现的间接降温效应影响半径较小，降温幅度不大，但却是可感知的。

夏季，城市绿地景观温度较低，空气冷却收缩下沉，地面气压升高，气压高的气流从城市绿地景观吹向周围的城市建筑景观，在空中则是从城市建筑景观气流吹向城市绿地景观，形成局部大气湍流。通过局部大气湍流，空气得到一定程度的混合，城市绿地景观作为冷源起到降低周围城市建筑景观气温的效果。但是，许多研究表明，局部大气湍流冷却范围较小，限于城市绿地景观与城市建筑景观的边缘地带。至于降温的幅度，虽不是很高，却是可以感受到的，有意义的。

L. Shashua-Bar 等在特拉维夫（Tel-Aviv）进行了小块绿地对环境降温效应的实验研究（L. Shashua-Bar 等，2000）。他们选择了 11 个由树木组成、几何形状各不相同的城市绿地，包括两个花园、四个林荫道、一个广场、两个院落和两个街道。在 1996 年 7 月 2 日到 8 月 18 日，选择晴朗微风（风力<1 m/s）的白天，从边界起同一

方向每隔 20 m 设一个测点，每小时进行一次测量，得到一个测点与背景温度的差值。以各测点多次测量结果的均值，表征绿地对该点的降温效果。结果表明（表 4-1），这些小块绿地的有感冷却范围为半径 100 m 左右。因此，他们建议：设计相距 200 m，面积 0.1 hm^2 的花园就可以起到较好的降温效果，这些花园也可以休闲娱乐。

Givoni 发现，一个 0.5 hm^2 大的公园冷却范围是其外 20～150 m（L. Shashua-Bar 等，2000）。Jauregui 测得墨西哥城一个 500 hm^2 大的公园，其冷却半径是 2 km，与其宽度大体相当（E. Jauregui，1990）。

表 4-1　特拉维夫城市绿地对周围环境的冷却效果

（据 L.Shashua-Bar 等，2000）

绿　地	长度/m	宽度/m	测点走向	日均气温/℃	冷却幅度/℃ 与绿地边界距离				
					边界	20 m	40 m	60 m	80 m
（1）Hayeled 大道	200	22	E—W	31.8	2.3	2.0	1.3	0.8	0.2
（1）Hayeled 大道	—	—	S—N	31.8	1.9	1.8	1.6	1.2	0.5
（2）Meltz 公园	112	35	E—W	33.2	0.6	0.6	0.6	0.5	0.4
（3）Emanuel 大道	115	30	E—W	33.2	2.7	2.7	0.5	0.3	0.3
（3）Emanuel 大道	—	—	S—N	33.2	2.9	2.9	1.8	1.5	—
（4）Rothschild 大道	245	45	E—W	32.3	1.9	1.9	1.0	0.7	—
（4）Rothschild 大道	—	—	W—E	32.3	1.9	1.9	1.4	1.1	—
（5）Hen 大道	250	35	E—W	32.3	2.2	2.2	0.4	0.1	—
（5）Hen 大道	—	—	W—E	32.3	2.2	2.2	0.7	0.4	—
（6）Borochov 广场	60	60	S—N	32.3	2.9	2.1	1.1	0.1	0.1
均　值	—	—	—	32.5	2.15	1.77	1.04	0.67	0.30

日本学者 T. Honjo 和 T. Takakura 的研究结论具有理论总结意义（T. Honjo 等，1992），他们的结论是，绿地的冷却范围是绿地大小和绿地间隔的函数，间隔适中的小块绿地的冷却效果好于集中的大块绿地。

（2）风可以实现城乡大范围的空气混合，缓解城市夏季热岛。

在这个过程中，乡村景观、城郊景观、城市绿地景观、城市水体景观共同充当冷源，缓解城市建筑景观高温。同时，城市绿地景观还起到引风、通风的作用。

Oke 和 Fuggle 曾在加拿大的蒙特利尔（Montreal）地区进行过横贯乡村景观、城郊景观和城市景观的汽车流动观测，同时直接测出气温、大气逆辐射和风向、风速、云量、水气压等有关气象要素。图 4-3 是他们夏季两次所实测的气温剖面图（转引自周淑贞，1994）。1970 年 6 月 9 日因盛行西南风，风速偏大（5 m/s），城市景观、城郊景观、乡村景观的气温差别不大，热岛现象不显著；1970 年 6 月 16 日因风速很小（西风、风速 0.4 m/s），城市景观、城郊景观、乡村景观气温差别较大。

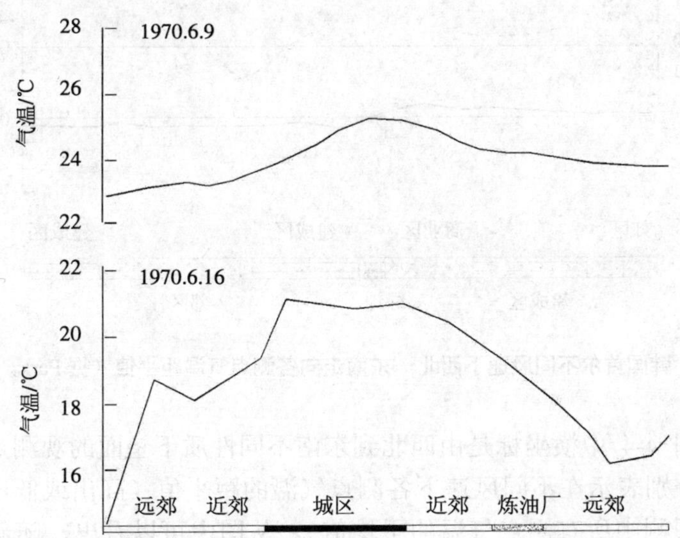

注：1970 年 6 月 9 日，西南风 5 m/s；1970 年 6 月 16 日，西风 0.4 m/s。

图 4-3 蒙特利尔地区夏季白天气温剖面图（据 Oke 等，1972）

Park 曾在 1992 年 6—8 月份三条路径穿过韩国首尔及其附近郊区和四个卫星城镇，在 134 个测点上总共进行了 99 次汽车流动观测（Park 等，1993）。观测时间分别为清晨 04:00—05:30，午后

14:00—15:30 和夜间 22:00—23:30。根据观测记录统计分析，求得风向风速与当地城市热岛强度关系如图 4-4 所示。

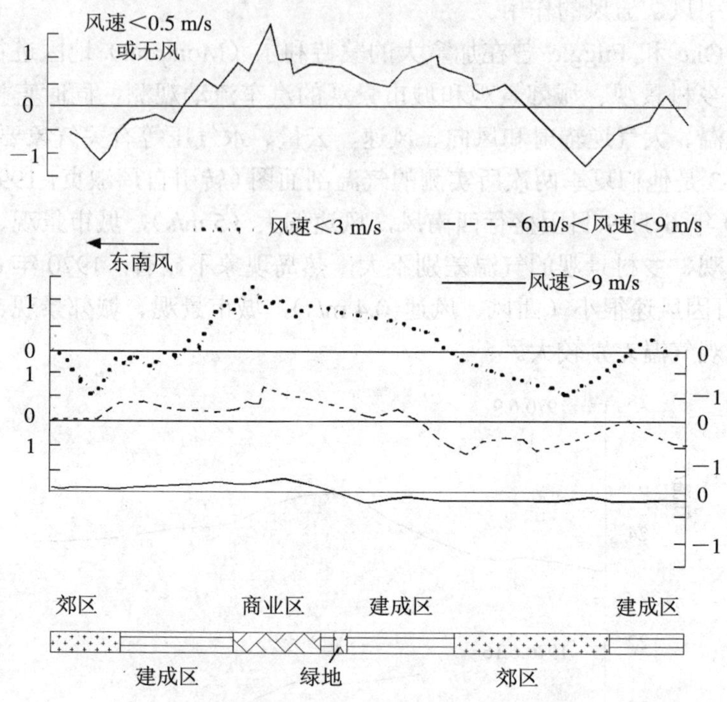

图 4-4　韩国首尔不同风速下西北—东南走向各测点气温距平值（据 Park，1993）

图 4-4 中横坐标是由西北到东南不同性质下垫面的观测点，纵坐标分别表示在不同风速下各测点气温的距平值（高出或低出当次流动观测中所有测点气温的平均值）。从图中可以看出，随着风速的增大，各种景观之间、各种景观要素之间的气温差异越来越小，最大差值从 3℃降到 0.8℃，热岛现象趋于消失。这说明风使城市景观、城郊景观、乡村景观内的空气得到很大程度的混合。

Emonds 和河村武等学者的理论研究也表明：各地城市热岛强度与风速关系最大。其次是云量。与观测时的气温和水气压亦有一定的关系，但影响最小。城市热岛强度的大小与风速、云量和气温都是呈负相关，只与水汽压有微弱的正相关。风不仅制约着气温空间差异的大小，还因风向、风速不同使城市热岛中心的位置发生移动；当风速达到某一临界值时，城市热岛即不复存在（周淑贞，1994）。

在风混合地表大气、缓解城市热岛的过程中，城市绿地景观不仅是冷空气的重要来源，而且可以充当引风口和通风廊道。因为，随着城市建筑增高、增密、增多，城市风场有减弱的趋势，城乡局部大气湍流也受到一定程度的阻碍。在这种情况下，城市迎风面楔状缀块绿地的引风作用以及横贯城市、与夏季盛行风向平行的带状绿地廊道的通风作用就显得非常重要。

4.3.3 城市绿地景观格局对城市热岛缓解功能的制约

1）热岛的产生与缓解归根到底是由景观异质性决定的

从城市绿地景观缓解城市热岛的机制可以看出，城市热岛是在一定天气条件下，由景观异质性及它所决定的垂直生态过程的空间差异导致的城市气候现象。由于景观异质性和垂直生态过程的差异，在同一时刻，乡村景观与城市景观，城市建筑景观与城市绿地景观地温、气温有所差别。当大气层结稳定、水平气压梯度较小时，地温、气温空间差异明显，城市热岛强度较高。当大气层结不稳定、水平气压梯度较大时，空气得到较充分的垂直和水平混合，气温热岛会明显减弱，地温热岛也会有所减弱。

“下垫面—空气”系统地温、气温水平分异归根到底是由城市景观异质性决定的。决定它的空间变量很多，比较重要的是林木郁闭度、植被蒸腾作用效率、建筑高度与密度、下垫面透水面积比例、下垫面热通量、人为热排放量、温室气体含量和大气悬浮颗粒物含量。这些变量不仅是空间变量，显然也是时间变量，因此，城市热岛强度不仅有空间上的变化，而且有明显的时间变化，表现为季节变化、日变化和非周期性变化。

这些变量的空间变化、时间变化是非常复杂的，在前面城市绿地景观、城市建筑景观“下垫面—空气”系统热平衡方程的分析中，是把这些变量抽象化、平均化进行比较，假定在城市绿地景观、城市建筑景观内部这些变量是常数，这是景观生态学分析异质性的常用方法。事实上，在城市建筑景观和城市绿地景观内部，不同缀块类型之间这些变量也是随空间、随时间变化的。

由于景观异质性，热岛得以产生；也是由于景观异质性，热岛又得到一定程度的缓解。正是由于景观异质性，才产生局部大气湍流、风两种水平生态过程。只不过局部大气湍流是由小尺度空间的景观异质性引起的，盛行风则是由中、大尺度空间的景观异质性引起的。

2）不同类型的城市绿地降温效果存在差别，并随时间变化，总的规律是绿地的郁闭度越高、绿量越大，降温效果越好

当我们以较小的空间粒度去研究城市时，会发现城市绿地景观内部其实也是异质的。城市绿地景观由多种外观不同、性质不同的绿地构成。各种类型的城市绿地之间，与热平衡密切关联的变量有较大的差别，比如林木郁闭度、植被蒸腾作用效率、下垫面透水面积比例、下垫面热通量、人为热排放量等。这些变量的差别会导致不同类型城市绿地之间气温、地温的差别，并且随时间变化，因季节而异，白昼、黑夜有所不同。根据众多学者的城市气候学研究成果，夏季各类城市绿地的温度特征如下：

（1）草地和装饰绿地

白天，草地和装饰绿地反射掉的太阳短波辐射只有 16%～26%，蒸腾作用和地表水分蒸发消耗的热量也有限，获得的大量太阳辐射能大部分用来加热地表和空气。加上地表粗糙、土壤热通量小，热量积聚在浅草丛中，地表、气温上升很快，温度大于林地和行道树。

日落之后，由于草地热通量小，储热量少，上空无任何遮挡，地表长波净辐射大，且风速大，地温下降很快，气温也随之降低。因此，在夜间，草地的地温、气温反而低于林地和行道树，是居民晚间纳凉的最佳选择。

（2）成片林地

白天，成片林地郁闭度高，地表获得的太阳辐射大大减少。植物叶片面积大，透水面积大，蒸腾作用和地表水分蒸发消耗将大量热能以潜热的形式散发到空气中。因此，用于加热地表和空气的热量占太阳总辐射比例少，地温、气温都比较低，通常低于其他类型绿地，仅高于水体景观。同时，由于水汽大部分被树冠包围在林内空气中，湿度较大。

日落之后，由于树冠遮挡和水汽对地表长波辐射的强劲吸收，以及水汽凝结释放热能，地表温度、气温下降速度慢。在夜间，其温度反而高于草地和装饰绿地。

需要指出的是，树种不同，覆盖率不同的成片林地由于郁闭度和蒸腾作用效率的差别，白天的降温绝对值会有较大的差别。

（3）道路绿地

行道树的降温主要靠遮光和蒸腾作用，由于树下主要是不透水地面，地表水分蒸发少于成片林地，但差别微小。许多实测数据表明，行道树下的街道白天温度高于成片林地（冯采琴，1992；L. Shashua-Bar 等，2000）。究其原因，主要在于交通产生的大量人为热。L. Shashua-Bar 等 1996 年夏在特拉维夫的实测表明，交通繁忙的街道会因人为热的排放气温上升 2℃。同时指出，如果街道宽，树木高大，通风效果好，交通的空气加热作用就会大大下降。

由于柏油、混凝土的热通量大于林下和草地的土壤和沙土，所以其热储量大。因此，一般来讲，夜间，道路绿地的地温、气温要高于林地和草地。

同成片林地类似，行道树的地温、气温也与树种、覆盖率和郁闭度有关（表 4-2）。密植蒸腾作用强、高大、枝繁叶茂的行道树，对道路的降温效果更佳。如果道路绿地位于两侧是高楼的狭窄“城市街谷”中，则其夜间温度将会更高。因为，街谷两侧的高楼白天储存了大量热能，夜间会慢慢释放出来，以长波辐射和显热交换的形式投向地表。同时，街谷中的天穹可见度小，风速又比较小，热量不易扩散，这些都导致城市街谷中的道路绿地夜间保持较高的温度，不适合纳凉休闲。

表 4-2 行道树不同郁闭程度的降温效果

（1992.7.4）

时间	全郁闭街道（北京西路）	基本郁闭（中山路）	未郁闭（北京东路）
	气温		
5:00	24.5℃	24.8℃	—
14:00	31.3℃	32.3℃	34.5℃

注：根据南京市园林局资料整理。

不同类型城市绿地温度特征的差别意味着它们直接降温效应的差别。夏季，在不同类型绿地中，人们的舒适度是不同的。一般来说，白天舒适度从高到低依次为成片林地、行道树、草地和装饰绿地，郁闭度和蒸腾作用的高低对舒适度起主导作用。夜晚却是草地和装饰绿地舒适度高于行道树、成片林地，原因在于地表储热量、天穹可见度、水蒸气含量、风速等因素决定的地面散热上的差别。

不同类型城市绿地温度特征的差别也意味着它们间接降温效应的差别。根据景观生态学的边缘陡度原理，缀块边缘陡然（即与周围环境对比度高）时，可增加沿着边缘方向的生物和物质流动，而过度缓慢的边缘则有利于横穿边缘的生物和物质运动（邬建国，2000）。不同类型城市绿地温度特征不同，或者说与其周围城市建筑景观的温差不同，那么它们与周围城市建筑景观热能交换量就会有所不同。两个同样大小的城市绿地缀块，哪一个与周围城市建筑景观气温差异大，哪一个与城市建筑景观的局部大气湍流就更强，对城市建筑景观的间接降温效应就越明显。

林地、行道树、草地是三种典型的城市绿地类型。除此之外，还有林灌草复合型、灌草型、林灌型、垂直绿化等城市绿地类型。城市绿地类型与降温效果之间的联系可以用一句话概括：郁闭度越高、绿量越大的绿地，降温效果越好。绿量是指所有生长中植物茎叶所占据的空间体积，可以表现绿地的三维生态特征（周坚华，1998）。草地和装饰绿地夜间温度更低是有违这一规律的特例。然而，有研究表明，夜间草地和装饰绿地近地面常出现逆温现象，不利于大气湍流的产生（冯采芹，1994）。因此，这类绿地夜间对城市建筑景观的间接降温效应较弱。

3）城市绿地景观与人口、建筑的空间关系很大程度上决定其防暑降温效应的社会价值大小

分析城市绿地景观的防暑降温效应不能只看其绝对数值。仅仅看它的夏季气温比城市建筑景观低多少，它将城市建筑景观的气温降低了多少是不够的。除此之外，还要看城市绿地景观防暑降温效应的社会价值。

所谓城市绿地景观降温效应的社会价值，是指城市绿地景观的降温效应给居民带来的利益与好处到底有多少，因为防暑降温效应是相对于人而言的。

衡量城市绿地景观防暑降温效应的社会价值，最准确的标尺是降温绝对值与人口数量的乘积。但是，从技术上讲这种衡量却很难实现。因为，一方面，城市中的居民是在运动变化中的，居民在城市中的分布情况是随时间变化的，虽然具有一定的规律性，但也具有很大的随机性；另一方面，城市绿地景观直接降温效应的影响范围虽然是固定的，就是其所在的空间区域，然而直接降温效应的绝对数值有复杂的时空变化；间接降温效应的影响范围、绝对数值受绿地自然性质、周围环境特征、天气条件等众多因素的影响，有明显的日变化、年变化和非周期性变化，更加难以确定。

为此，可以简单地用城市绿地景观与城市居民的空间关系来衡量城市绿地景观降温效应的社会价值。实际上，城市绿地景观与城市居民的空间关系很大程度上表现为城市绿地景观与城市用地类型的空间关系。因为，一方面城市的用地类型与人口密度相关性很强；另一方面，每一个城市绿地缀块或绿地廊道都在某一用地类型空间范围内，无论是直接降温效应，还是间接降温效应基本上是在这种用地类型内发挥作用，施于这种用地类型内的居民。因此，城市绿地景观在各种用地类型内的分布可以大致反映城市绿地景观降温效应的社会价值大小。

4）城市绿地景观格局制约风、局部大气湍流对空气的混合作

用

如前所述，局部大气湍流和风是由景观异质性引起的水平生态过程。它们可以起到混合城市和周围地区空气，促进气温均匀分布的作用。

空气混合作用有城郊、乡村气流的参与，但是多数情况下主要还是城市内部空气的混合。城市景观格局不仅决定城市热量、气温的初始分布状态，也制约着空气混合、气温重新分布的程度。我国大多数城市中水体景观所占面积比例较少，城市绿地景观是城市中冷空气的主要来源，而城市建筑景观是城市中热空气的来源，因此城市绿地景观与城市建筑景观的空间关系对城市空气混合程度影响最大。城市绿地景观可以用几十个景观指数定量描述，但并不是所有的景观指数都与空气混合作用密切相关。根据景观生态学关于水平生态过程与景观格局相互作用的多个原理，以及对风、局部大气湍流两个水平生态过程的分析，下列景观指数可以较全面地描述城市绿地景观格局对风、局部大气湍流的制约：

（1）城市绿地景观占城市景观面积比例

缀块类型占景观面积比例计为 *PLAND*，计算公式如下：

$$PLAND = P_i = \frac{\sum_{j=1}^{n} a_{ij}}{A} \times 100\%$$

式中：P_i——缀块类型 i 在景观中所占的比例；

a_{ij}——缀块 ij 的面积；

n——景观内 i 类缀块的个数；

A——整个景观的面积。

PLAND 等于相应缀块类型面积占总面积的百分比，取值在 0 和 100%。当它接近 0 的时候表明它在景观中占的比例逐渐减少，这种缀块类型变得稀少，当它的值接近 100%的时候表明整个景观由一种缀块组成，它表示了每种缀块类型所占的面积占整个景观面积的比例，是一个相对的量。

显然，城市绿地景观占城市景观面积比例越大，越有利于城市热岛效应和夏季高温的缓解。国外有研究表明，当这一数值达到 60% 时，城市热岛效应将基本消失（周志翔，2004）。我国城市用地紧张，*PLAND* 值很难达到这一数值，城市规划师要在 *PLAND* 不高的情况下，通过绿地合理布局的方式最有效地缓解城市夏季高温。

（2）城市绿地景观的面积加权平均缀块形状指数

城市绿地景观形状越复杂，意味着它与城市建筑景观的接触面越大，越有利于城市内部空气的混合作用。缀块形状的描述可以用分维数，也可以用形状指数，由于分维数在描述景观格局时常出现不稳定的问题（Frohn，1998），在此选用面积加权平均缀块形状指数 *SHAPE_AM* 来描述城市绿地景观形状，计算公式如下：

$$SHAPE\_AM=\sum_{j=1}^{n}\left[\frac{0.25P_{ij}}{\sqrt{a_{ij}}}\left(\frac{a_{ij}}{\sum_{j=1}^{n}a_{ij}}\right)\right]$$

式中：n ——城市绿地景观内的缀块数；

P_{ij}、a_{ij} ——分别为绿地缀块 ij 的周长和面积。

SHAPE_AM 随城市绿地景观形状的不规则性增加而增加，没有上限，最小值为 1，表示所有城市绿地缀块均为正方形。

（3）城市绿地景观的缀块相邻百分数

同样形状的绿地缀块，面积越大则边界面积比越小，单位面积对应的空气交换界面越小，越不利于间接降温效应的实现。城市绿地整体的面积特征可以用同类缀块相邻百分数 *PLADJ* 表示，计算公式如下：

$$PLADJ=\left(\frac{g_{ii}}{\sum_{k=1}^{m}g_{ik}}\right)\times 100\%$$

式中：g_{ii}——绿地缀块 i 之间的相邻像元①数；

g_{ik}——绿地缀块 i 和其他类型缀块 k 之间的相邻像元数；

m——缀块类型数。

PLADJ 取值在 0～100%。取 0 时表示绿地缀块都以单个像元的形式存在，越接近 100%表示大型绿地缀块占城市绿地景观总面积的比例越大。

（4）城市绿地景观的边界密度

边界密度计为 *ED*，缀块类型 i 的边界密度计算公式如下：

$$ED = \frac{\sum_{j=1}^{n} e_{ij}}{A} \times 10\,000$$

式中：e_{ij}——缀块 ij 的边界长度，m；

A——景观总面积，hm^2。

所以 *ED* 表示景观范围内缀块类型 i 的边界为每公顷多少米。

城市绿地景观的缀块密度越大，城市景观内冷热空气之间的界面越长，风、大气湍流对空气的混合作用越充分。

（5）城市绿地景观的缀块密度

缀块密度计为 *PD*，缀块类型 i 的边界密度计算公式如下：

$$PD = \frac{n_i}{A} \times 10^6$$

式中：n_i——缀块类型 i 的缀块个数；

A——景观总面积，km^2。

PD 就是景观范围内每平方千米缀块类型 i 的个数。

城市绿地景观的缀块密度与边界密度密切相关，可以互相验证。城市绿地景观的缀块密度越高，越有利于城市绿地景观、城市建筑景观之间的空气混合。

（6）城市绿地景观的邻近度指数

邻近度计为 *MPI*，缀块类型 i 的邻近度可用以下公式计算：

① 遥感图像的最小可辨识单元。景观生态学中经常根据遥感图像研究景观结构。

$$MPI=\sum_{j=1}^{n}\left(\frac{a_{ij}}{h_{ij}^{2}}\right)\div n$$

式中：a_{ij}——缀块 ij 的面积；

h_{ij}——缀块 ij 到最近同类缀块的距离；

n——缀块类型 i 的缀块个数。

邻近度指数可以描述城市绿地景观在空间上的分散程度。城市绿地景观在城市景观内越分散，则越有利于城市景观整体的空气混合；城市绿地景观在城市景观内相互邻近，则有利于局部的空气混合，更大程度地降低局部建筑景观的气温。

5）城市边缘迎风面的楔状绿地有利于引风，宽直、连续、且与风向平行的带状绿地有利于城市通风

随着城市建筑物密度、高度的增加，城市的平均风速会相应减小，原因在于粗糙的下垫面对风动能的消耗（王祥荣，2000）。城市边缘迎风面下垫面粗糙度过大，风流则会部分从城市两侧绕行，进入城市的部分风流也会迅速减弱。根据城市夏季主导风向，在城市边缘迎风面保留或营造楔状绿地，是引入乡村景观、城郊景观冷气流，缓解城市夏季高温的有效手段。

城市景观中的溪流、道路、林带等绿地廊道在一定条件下则可以起到通风的作用。根据景观生态学原理（许慧等，1992），廊道越宽，越有利于沿廊道的运动，越不利于横穿廊道的运动；廊道中如果存在不易通过的间断点，也不利于沿廊道的运动。因此，宽直、连续、且与风向平行的带状绿地通风效果更佳。通过人为设计，让带状绿地穿过城市中的高温区域，则可让其发挥更大的防暑降温作用。

4.4 城市绿地景观格局与城市大气净化

大气调节是城市绿地重要的服务功能，主要包括净化大气、消减噪声两个方面。根据我国城市环境质量现状，前一个方面更重要、

更需要全盘统筹。在分析城市大气污染过程、城市绿地景观净化大气机制的基础上，把握城市绿地景观格局与城市大气净化相互联系规律，有助于根据城市大气净化需要，统筹安排、合理布局城市绿地景观。

4.4.1 城市大气污染过程

所谓大气污染，是指排入大气的污染物或由其转化的二次污染物的浓度达到了有害人类健康和破坏自然环境的水平。大气污染可能是自然过程造成的，也可能是人为因素造成的，前者如火山爆发、森林火灾、沙尘暴、海水飞沫等，后者如工业废气、生活燃煤、汽车尾气、核爆炸等。一般来说，由于自然环境本身所具有的自净作用，会使自然过程造成的污染在一定时间后自动清除。所以，人类的生产、生活活动成为大气污染的主要根源。大气污染由污染物排放、污染物的扩散与聚集、产生危害三个环节构成，不同类型污染物在每个环节上都存在差异。

1）城市中大气污染物的排放

王祥荣曾经对城市大气污染物的类型与来源做过较为全面的研究（王祥荣，2000）。他的研究结论可以用来说明大气污染的第一个环节。

进入城市大气的污染物种类很多，已经产生危害或已为人们所注意的有 100 种左右。通常根据其存在状态，将其分为气溶胶状态污染物和气体状态污染物两类。气溶胶是指悬浮在气体介质中沉降速率很小的固体及液体颗粒。从污染角度，按其来源和物理性质，又可分为粉尘、烟尘和雾滴。气体状态污染物则是以分子状态存在的污染物。

粉尘是空气中漂浮的固体颗粒物，它的大小不一，大到几十、几百μm，小的仅 0.1 μm 左右。属于粉尘类的大气污染物很多，如黏土粉尘、沙尘、煤粉、水泥粉尘、各种金属粉尘等。粉尘的来源主要有 3 个方面：一是来自城市以外的沙尘源，通过风的传送进入城市。我国现有荒漠化面积 260 万 km^2，这些沙漠和沙化了的土地上的沙尘，随风飘扬，被带到了别的地方，也不可避免地被带进城市。二是来自城市内部裸露地面的尘土，在风、车辆、行人的作用下泛起，飘落到各处或滞留在空中。三是工业、交通和建筑业排放的尘土。各种燃料的燃烧，特别是以煤作燃料的工业企业，如火力发电站、热电站、大型工业锅炉、黑色及有色金属冶炼厂等有大量的粉尘排出。煤燃烧后约有原重量 10%的残余物质排入大气，油燃烧后约有原重量 1%的残余物质排入大气。工业城市的年降尘量可达 500～1 000 t/km^2。

烟尘一般指由冶金或化学过程形成的固体粒子气溶胶或由燃料燃烧过程中产生的飞灰和黑烟。通常前者是由熔融物质挥发后生成的气态物质的冷凝物，在生成过程中总是伴有诸如氧化之类的化学反应，其粒子直径仅为 0.01～1 μm。产生烟是一种较为普遍的现象，如有色金属冶炼过程中产生的氧化铅烟、氧化锌烟，在核燃料处理厂中的氧化钙烟等。

雾滴是气体中液滴悬浮物的总称。它可以是由于液体蒸汽的凝结、液体的雾化及化学反应等过程形成的，如水雾、酸雾、碱雾、油雾等。酸雾、碱雾多数情况下是气体状态污染物转化而成的二次污染物。

气体状态污染物是以分子状态存在的污染物，简称气态污染物。气体状态污染物分为一次污染物和二次污染物。一次污染物指直接从污染源排放到大气中的原始污染物质；二次污染物指由一次污染物与大气中已有组分或几种一次污染物之间经过一系列化学或光化学反应而生成的新污染物质。在城市大气污染物中目前受到普遍重视的一次污染物主要有硫氧化物、氮氧化物、碳氧化物以及碳氢化物等。受到普遍重视的二次氧化物主要是硫酸烟雾（Sulfurous Smog）和光化学烟雾（Photochemical Smog）。

综上所述，城市中各类一次大气污染物的来源可概括为表 4-3。可见，粉尘是来源最广的大气污染物，来自城市景观，也来自城郊景观、乡村景观和自然景观。其他大气污染物则主要产生于城市及其近郊。因此，对城市大气污染的防治不能仅着眼于城市景观本身，还要关注更大的区域。

表 4-3 城市一次大气污染物的主要来源

污染物状态	污染物类型	城市景观					城郊景观		乡村与自然景观
		工业	交通	生活炉灶	建筑业	裸露地面	工业	裸露地面	荒漠
气溶胶	粉尘	√	√	√	√	√	√	√	√
	烟尘	√		√			√		
气态污染物	硫氧化物	√		√			√		
	氮氧化物	√	√	√			√		
	碳氧化物	√	√	√			√		
	碳氢化物	√	√	√			√		

2）城市中大气污染物的扩散与聚集

关于大气污染的第二个环节大气污染物的扩散与聚集，周淑贞、王祥荣在各自的专著中都有较为全面的阐述（周淑贞，1994；王祥荣，2000）。大气存在扩散、稀释大气污染物的机制，了解并运用这种机制是防治城市大气污染的有效途径。同时，在某些情况下，大气污染物会在城市部分地段聚集，对人与物造成伤害。因此，对大气污染物聚集条件的把握同样重要。

（1）风和湍流是大气污染物扩散的动力

边界层大气的运动状况是决定大气污染物扩散稀释的直接因素。边界层是指覆盖层到云层的地表空间。边界层大气的运动可以用有规则的平均运动（平均风速和风向）和不规则的湍流运动来描述，而实际的运动可以视作这两种运动的叠加。

风的第一个作用是整体的输送作用，污染区总是在污染源的下风方向。风的另一个作用是对污染烟气的冲淡稀释作用。风速越大，单位时间内与烟气混合的清洁空气量越多，所以污染浓度与风速成反比。在其他条件不变的情况下，若风速增加一倍，则下风侧有害气体浓度就减少一半。

在近地面的大气层中，大气运动很少是平稳的气流，在绝大部分情况下是具有不同于主流方向的各种尺度的次生运动或涡旋运动，在气象学上称这种不规则的运动为湍流。湍流运动的直接后果是造成流场各部分之间的强烈混合。当污染物从污染源进入大气时，就在湍流场中造成不均匀分布，存在着污染浓度梯度。由于湍流混合作用不断地将周围清洁空气卷入烟气，同时把污染物卷散到清洁的空气中来，这种湍流引起的强烈混合作用，造成了污染物从高浓度区向低浓度区的输送，使之逐渐被分散、稀释，这一个过程被称作湍流扩散过程。

综上所述，污染物在大气中的扩散稀释取决于大气的运动状态——风和湍流，它们是污染物在大气中扩散稀释的直接动力。风速越大，湍流越强，扩散稀释的速度就越快，污染物的浓度就越低。

（2）城市大气污染物扩散、聚集的影响因素

城市中大气污染物的聚集与扩散受到很多因素的影响，可以概括为两个方面：一是大气污染源类型、分布，以及城市空间特征；二是气象条件。

风和湍流将污染源向下风方向输送，因此污染源下风方向污染物的浓度要远高于其他方向。所以，城市和大气污染源的方位关系与城市大气污染物浓度密切相关。城市大气污染源按形态分点源、线源和面源，点源指孤立的、大排放量的高烟囱，线源指交通线，面源指低矮的中小工厂群和居民区。无疑，高耸的点源排出的污染物更容易迅速扩散、稀释，这正是提倡城市集中供暖的原因。而线源、面源污染源附近污染物容易聚集。另外，城市高层建筑、大体量建筑物和构筑物、地形凸起，都能造成气流在小范围内产生涡流，阻碍污染物质迅速排走和扩散，而停止在某一地段内，加重污染。

风和湍流本身就属于天气要素，它们对大气污染物扩散、聚集的影响是最直接的，前面已有述及。同时，其他的天气要素会通过影响风和湍流间接影响大气污染物的扩散过程，其中最重要的是温度层结和天气形势。温度层结指大气在垂直方向的温度梯度，它是大气垂直运动稳定度的标志。当城市上空出现逆温层时，大气污染

物就无法向高空扩散。天气形势是指大范围的环流形势与不同类别天气系统分布的概貌。天气形势对大气污染物扩散的影响一般表现为：在反气旋的天气形势下，一般天气晴朗，有下沉逆温，风小，污染物不易扩散，往往造成较大的污染浓度；在气旋形势下，一般风速较大，有上升气流，有利于污染物的稀释扩散，造成污染的机会较小。

3）城市大气污染物的危害

当大气污染物在特定时间、特定地点浓度超标，形成污染后，会对人类和自然环境产生有害的影响，这是大气污染的第三个环节。刘文等总结了各种大气污染物在人体内聚集到一定程度后，对人体健康的危害，见表4-4（刘文等，1995）。

表4-4　大气中主要有害物质对人体的影响

大气污染物种类	对人体的影响
烟雾	视程缩短、导致交通事故、慢性支气管炎
粉尘	血液中毒、尘肺、肺感染
二氧化硫	刺激眼角膜和呼吸道黏膜、咳嗽、胸痛、支气管炎、哮喘，甚至死亡
二氧化氮	刺激鼻腔和咽喉，胸部紧缩、呼吸紧迫、失眠、肺水肿、昏迷，甚至死亡
一氧化碳	头晕、头痛、恶心、四肢无力，还可以引起心肌损伤，损害中枢神经，严重时导致死亡
氟化氢	刺激黏膜，幼儿发生斑状齿，成人骨骼硬化
硫化氢	刺激黏膜，导致眼炎或呼吸道炎、头晕、头痛、恶心、肺水肿
氯气	刺激呼吸器官，导致气管炎，量大时引起中毒性肺水肿
氨	刺激眼、鼻、咽喉黏膜
气溶胶	引起呼吸器官疾病
苯并[a]芘	致癌
臭氧	刺激眼、咽喉，使呼吸道功能减退
铅尘	铅中毒症，妨碍红血球的发育，儿童记忆力低下

4.4.2 城市绿地景观通过三种方式净化城市空气

有关研究表明，城市绿地通过阻滞作用、吸收作用、覆盖作用三种方式净化城市大气（冯采芹，1992）。

首先，植物可以有效地吸附空气中的气溶胶状态污染物，称为阻滞作用。植被之所以能阻滞气溶胶状态污染物，一方面是由于树木能够减小风速，而使大粒粉尘降落到地面；另一方面，植物叶子表面粗糙不平、多绒毛，有些植物还能分泌油脂和黏性物质，可吸附、滞留一部分粉尘、烟尘和雾滴。

其次，植物可以通过呼吸作用吸入气溶胶状态、气态污染物，转化成自身需要的营养物质而加以消化，即使是草本植物也不例外，这称为吸收作用。植物类型不同，吸收污染物的能力、对污染物的抗性和转化能力也差别很大。

最后，覆盖作用是指绿色植物覆盖地面，防止土壤风蚀、已降落到地面的粉尘再次飘起的功能。草皮的覆盖作用最为显著，因为草地将裸地覆盖得最严密，草根把本来松散的土壤固定得严严实实，使它根本无法再扬起。西方国家城市里之所以尘土少，很大程度上是因为这些城市中已经消灭了所有的裸地。

4.4.3 城市绿地景观格局对城市大气净化功能的制约

城市大气净化有多种途径，绿化是其中非常重要的一个途径。环保工艺的改进，只能减少人工排放污染物的数量。剩下来逸入大气的人工排放污染物和自然产生的污染物主要是由空气本身进行稀释和自净。这些大气污染物在扩散、稀释和自净到对人类没有危害以前就已经会给人们带来危害，特别是在那些靠近污染物的地区，或是遇到空气无风，城市上空出现逆温层等这样的特殊气象条件时，大气污染物往往在较长时间内保持较高的浓度。历史上有名的污染事件，如 1952 年的伦敦烟雾事件和 1943 年洛杉矶的光化学污染事件，都是在这样的特殊气象条件时发生的。在这种情况下植物的净化作用往往具有决定意义。我国城市绿地率远低于欧美发达国家，提高单位绿地的大气净化效果非常必要。为此，亟须总结城市绿地景观格局与大气净化效果之间的联系规律，为城市绿地规划提供理论依据。

（1）不同类型城市绿地大气净化效果不同，层次越丰富，绿量越大，大气净化效果越好。

首先，绿地层次越复杂，绿量越大，意味着在垂直空间上有更大的叶面积和阻挡面，对气溶胶状污染物的阻滞作用更强；其次，绿量越大，叶面积越大，对大气污染物的吸收及转化能力也就越强；最后，复层结构绿地底层的草地、灌木，可以完全覆盖地面，上层乔木可以降低风速，覆盖滞尘效果更佳。因此，丰富城市绿地景观的层次结构，讲求垂直绿化，提高林灌草复合型绿地面积比例是提高城市大气质量的重要措施。

（2）林地缀块内部大气净化效果弱于边缘，内部、边缘面积比不同，大气净化效果不同；绿地廊道的宽窄、疏密影响其卫生防护效果。

城市绿地景观对大气污染物的过滤、吸收作用以植物与大气污染物相接触为条件。大气污染物几乎都产生于城市绿地景观，其之所以能进入城市绿地景观，原因在于风和大气湍流的传输。有数据表明，在无风或逆温层出现时，林地和附近空旷地和建筑地段的大气湍流可形成 1 m/s 的风速（Stig Karlsson，1994）。

在城市绿地缀块的边缘和内部，风力大小是有差别的，林地缀块表现得最为明显。即使是六七级的大风，当深入到林地缀块 100～150 m 处，也会完全停止（冯采芹，1994）。大型林地缀块内部气流常常处于静止状态，因而起不到过滤与吸收污染物的作用。因此，在其他条件相同的情况下，大型林地缀块的大气净化效果不如等面积的多个小型林地缀块。

由于林地缀块内部大气净化效果弱于边缘，同样面积、不同形状的林地缀块，由于内部、边缘面积比例不同，大气净化效果也有所不同。形状紧凑的林地缀块，如圆形、方形林地，大气净化效果相对较差，而形状松散，长宽比很大、边界多曲折的林地，大气净化效果相对较好。利用这个原理，在城市绿地的规划设计中，可以有意识地改变目前流行的方形、圆形几何构型的做法，尽量增加一些非规则形状的绿地，以使绿地的边缘面积增大，提高单位面积绿地的大气净化效果。如图 4-5 所示。

a．大气净化效果差的林地

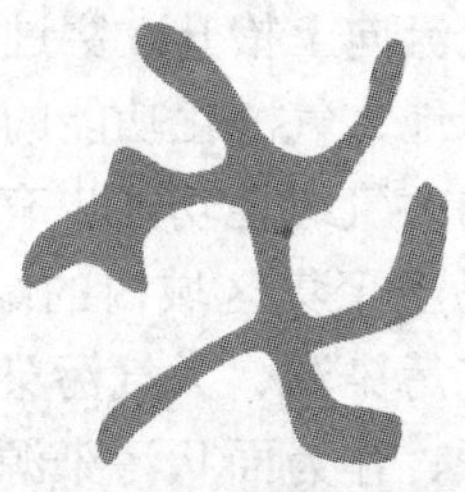

b．大气净化效果优的林地

图 4-5 林地内部、边缘比影响其大气净化效果

在城市绿地系统规划中，经常有意识地布局绿地廊道，以净化大气、消减噪声，这类绿地廊道包括风沙防护林、卫生防护林带、工厂绿化和道路绿地。绿地廊道卫生防护效果究竟如何，取决于宽度和疏密。

风沙防护林、工业区与居民区之间的卫生防护林带需要较大的宽度。但是，与大型林地缀块内部风力弱同样的道理，过宽的林带后半部的气流常常会处于静止状态，起不到过滤与净化污染物的作用。为了最佳的卫生防护效果，风沙防护林、卫生防护林带最好分成宽度适中的林带，而不是只由一条宽广的林带组成。道路绿地的宽度要依据其性质来确定，从消减噪声的角度讲，城市主干道两侧各需 40 m 宽道路绿地，这样的宽度也可以达到较好的大气净化效果；一般机动车道两侧各需 20 m 宽的道路绿地。如果条件不允许达到上述宽度，要尽可能用乔灌木和常绿树组成浓密的绿色屏障产生最大的卫生防护效果。需要注意的一个细节是，车行道上空不应被树冠全部覆盖，因为这样会使大气污染物封闭在道路内无法扩散。

绿地廊道依树木的栽植密度、树种不同而形成不同的透风程度。非常密实的绿地廊道可以完全不透风，气流与之相遇时常常从树顶上越过而得不到过滤与净化。过于稀疏的绿地廊道降低风速、净化大气的效果也不明显。要达到最大的大气净化效果，绿地廊道要疏密适度，下部前方适当通透，而下部后方却密不透风，迫使进入其间的气流向上抬升，穿过树冠，从而得到净化。

（3）绿地大气净化功能的社会价值与空间相对位置有关。

绿地的大气绿地功能也有社会价值大小的问题。大气污染物大量产生或易于聚集区域内的绿地， 其大气净化功能的社会价值大于既无大气污染源、大气污染物又容易扩散区域内的绿地。因此，道路、工厂、作为面状污染源的居民区、气流阻滞的高层建筑密集区都是需重点绿化的区域。

（4）穿越大气污染物聚集区的带状绿地有助于大气污染物的迅速扩散和稀释。

带状绿地不仅可以缓解城市夏季高温，也有助于城市大气污染物的扩散和稀释。要达到较好的大气污染物扩散效果，带状绿地除了要宽直、连续外，从整体布局上还要求若干多走向的直线型带状通风绿地相互交织成网状，因为城市的风向不同季节、不同月份都有变化。

城市中往往存在大气污染物容易聚集的地块，并且随季节变化。根据城市大气污染监测数据，可以很容易地找到这些地块，带状绿地应尽量穿越这些地块。如果这些地块位于带状绿地组成网络的结点，则各个季节都能取得良好的大气净化效果。

4.5 城市绿地景观格局与居民休闲娱乐

城市绿地的休闲娱乐功能主要由城市绿地景观中达到一定规模的居住区小游园、邻里公园、社区公园、城市公园、河岸公园、林荫景观道路实现，在此将它们一并称之为公园绿地。著名学者俞孔坚提出，公园绿地对城市居民休闲娱乐需求的满足程度可以用景观可达性来描述（俞孔坚，1999）。

4.5.1 景观可达性

景观可达性是用来反映景观对某种水平运动过程的阻力大小的一个概念（Forman，1995）。主要用来研究物种在穿越异质景观时所遇到的累计阻力。因此，又有人将之称为可穿越性或隔离程度（Booneand Hunter，1996）。更为通俗和普遍适用的概念是费用距离（ESRI，1991）。

4.5.2 公园绿地的景观可达性与休闲娱乐功能强弱呈正相关

人在城市中的运动也同物种及其他水平生态过程在景观中的运动一样，同样需要克服空间阻力来完成。因此，可以用公园绿地的可达性来衡量其为居民提供休闲娱乐服务的能力。

公园绿地景观可达性分析可简单也可复杂。复杂的方法将不同城市景观要素对人的阻力不同纳入考虑之中（俞孔坚，1999），例如，对于步行来讲，横穿机动车道的阻力要大于横穿居民区；简单的方法仅考虑距离因素，假定公园绿地距离居民越远，居民穿越城市到达它的阻力越大（车生泉，2003）。前一种方法虽然更严谨，但是很难实现。后一种方法更具实用性，分析的方法是先确定所有公园绿地统一的服务半径，如 500 m，然后得到所有公园绿地的服务范围，再观察公园绿地的服务盲区。服务盲区越少，说明公园绿地的休闲娱乐服务功能越强。

4.6 城市绿地景观格局与灾害避难

城市处于灾害的潜在威胁中，以火灾最为频繁。我国又是多地震、洪水的国家，灾害避难也是城市绿地不可被忽视的生态服务功能。

4.6.1 城市灾害避难过程

游壁菁在研究台北防灾绿地规划中，将城市紧急灾害的避难过程分为三个阶段（游壁菁，2004）：

（1）第一避难阶段（灾害发生到灾后半日内）

以面前道路为紧急避难地。1999 年我国台湾“9·21 地震”灾后第一时间，由于没有发生都市大火，人们多以面前道路为灾后第一时间避难地，并利用该场地抢救受困人员。

（2）第二避难阶段（灾后半日到灾后两三周）

为临时安置阶段，对于确实无法回到居所的居民，必须设法进行安置。根据市区居民人口、土地使用状况，指定学校、公园绿地等具有大量开放空间的地点，作为房屋受损及余震期间灾民临时避难生活场所。

（3）第三避难阶段（灾后两三周以后）

政府提供救灾方案安置灾民。每一个地区防灾生活圈应设置一处供救援车辆进驻及直升机起降的大型开放空间。

4.6.2 城市绿地灾害避难功能强弱取决于防灾绿地的景观可达性

从城市灾害避难的过程可以看出，发挥紧急避难功能的绿地主要为具有一定规模的公园绿地和附属绿地。从方便居民角度分析，它们应具备以下特征：靠近自家居所，可以就近待援或处理财物等事宜；地势空旷，有安全感；环境熟悉，有归属感，居民间互相认识可互相照应；有人管理，相关设施尚可，治安良好；最好在 2 hm^2 以上。

符合这些要求的城市绿地可称为防灾绿地，防灾绿地的灾害避难服务功能强弱也可根据景观可达性来分析。一般认为，在规划设计时，防灾绿地的服务半径最好小于 500～600 m，这样一来居民可以很方便地步行到达。

4.7 城市绿地景观格局与城市生物多样性

4.7.1 景观格局与生物多样性的联系

（1）景观多样性是生物多样性的重要内容

景观生态学认为，生物多样性包括遗传多样性、物种多样性和景观多样性三个层次（傅伯杰，2001）。景观多样性是指景观结构、功能和时间变化方面的多样性，是景观水平上生物组成多样化程度的表征。在较大的时空尺度上，景观多样性构成了其他层次生物多样性的背景，并制约着这些层次生物多样性的时空格局及其变化过程（李晓文，1999）。

（2）异质种群理论表明，景观连接度低于临界阈限，会导致基因交流的停断，加速物种灭绝

近年来，异质种群成为保护生物学的研究热点，人们发现在人为活动造成的全球范围景观破碎化背景下，许多物种以异质种群的方式存在，物种的绝灭也往往经历了异质种群的阶段。异质种群是由空间上相互隔离，但又有功能联系（繁殖体或生物个体的交流）的两个或两个以上的亚种群组成的种群镶嵌系统，亚种群生活在单个生境缀块中，异质种群的生存环境则对应于景观镶嵌体。

景观连接度是对景观空间结构单元相互之间连续性的量度，包括结构连接度和功能连接度。前者是景观在空间上直接表现出来的连续性，后者则与水平生态过程的空间范围有关，如种子传播、动物取食都有其对应的水平空间范围，空间范围与结构连接度相互作用，共同决定景观的功能连接度。景观连接度控制着异质种群动态，同时异质种群动态也影响着景观的功能连接度及变化。景观连接度对异质种群动态的影响具有临界阈限特征，如生境破碎化程度进一步加剧，使连接度低于临界阈限，则异质种群之间的物种、基因流就会完全阻断，每个亚种群成为单个、孤立的小种群，从而加速物种灭绝。因此，生境管理中可依据临界阈限，确定生境面积应占有整个景观面积的多少、如何分布，以确保物种在生境破碎化的背景下长期生存。

（3）内部种、边缘种与边缘效应

边缘是指两个不同的生态系统相交而形成的狭窄地带。缀块的边缘部分有不同于内部的物种组成和丰度，这就是通常所说的边缘效应。有的生物只能生活在缀块内部，称为内部种；有的生物只能生活在缀块边缘，称为边缘种；还有些生物在内部和边缘都可以生

存，称为中间种。

（4）缀块、廊道、基质的特征对物种多样性的影响

缀块面积的大小不仅影响物种的分布和生产力水平，而且影响能量和养分的分布。缀块面积与种群数量之间存在函数关系，用公式表示为：

$$S = CA^{Z}$$

式中：S——物种数量；

A——岛屿面积；

C、Z——正常数。

可见，生物多样性与缀块面积呈正相关，缀块面积越大，物种的多样性水平越高。缀块的形状对生态学过程和各种功能流有重要的影响，缀块形状紧密有利于保蓄养分、能量和生物，缀块形状松散有利于缀块与周围环境物质、能量、生物方面的交换。

廊道对生物多样性的影响主要表现在：① 为某些物种提供特殊生境或暂息地；② 增加缀块的连接度，增加缀块之间物种迁移的机会，促进缀块之间物种流动和基因交换。同时也导致侵入种的入侵，威胁乡土物种的生存；③ 增加景观的破碎化程度，阻碍基因或物种流。

景观基质至少在 3 个方面对生物多样性保护起着关键作用：① 为某些物种提供小尺度的生境，如基质中的立枯木、风倒木、树篱、沙砾质河床及土壤堆积体等；② 作为背景，控制、影响着与生境缀块之间的物质、能量交换，强化或缓冲生境缀块的“岛屿化”效应；③ 控制整个景观的连接度，从而影响缀块间物种的迁移。

4.7.2 城市绿地景观格局对城市生物多样性的制约

（1）复层绿地单位面积的生物多样性指数更高

景观多样性有助于提高物种多样性。复层结构绿地具有疏密有度、高低错落的群落层次结构以及丰富的色相和季相，同时，复层结构群落能形成多样的小生境，为动物、微生物提供良好的栖息和

繁衍场所，有利于招引鸟类等野生动物入城，促进生物多样性的提高，改善绿地系统自维持机制，提高绿地系统的抗逆性和稳定性。丰富的群落结构和多样化的物种，也丰富了城市景观，形成了接近自然的绿色环境，弥补“水泥森林”造成的景观退化。

（2）城市绿地网络化有利于提高生物多样性

所谓城市绿地网络化，是指通过规划建设绿地廊道、楔型绿地和结点等，将城市中的公园、街头绿地、庭园、苗圃、自然保护地、农地、河流、滨水绿带和山地等各种形式的绿地连接起来，构成一个自然、多样、高效、有一定自我维持能力的动态绿色景观结构体系。

城市绿地网络化可以保证城市自然生态过程的整体性和连续性，减少城市生物生存、迁移和分布的阻力面，给生物提供更多的栖息地和更便利的生境空间，改善生物群体的遗传交换条件，为生物创造更好的生存和繁衍环境。

（3）大型、小型绿地缀块在城市生物多样性保护中的角色不同，然而都不可或缺

城市景观中，大型、小型绿地缀块有着不同的生态学功能。大型缀块绿地是城市的“绿肺”和“水库”，对地下蓄水层和湖泊的水质有着保护作用，有利于生境敏感种的生存和维护生物多样性，能建立更近乎自然的生态干扰体系，对于维持城市生态系统平衡和稳定起着关键作用。小型绿地缀块可作为物种传播和再定居的“踏脚石”，提高绿地景观的连接度。从保护生物多样性的角度看，城市绿地景观规划要讲究大型、小型绿地缀块的搭配，不可偏重其一。

（4）绿地廊道宽度制约物种扩散过程

绿地廊道是城市绿地网络的重要组成部分，是物种流扩散的主要通道。随着绿地廊道宽度的增加，内部种逐渐增加，而边缘种在增加到一定数量后趋于稳定。绿地廊道的宽度，根据廊道设置的目标而不同，Rohing 在研究廊道宽度与生物多样性保护的关系中指出廊道的宽度应在 46～152 m 较为合适（J. Rohling，1988）。Budd 发现，河岸植被的最小宽度为 27.4 m 才能满足野生动物对生物环境的需求（W. W. Budd 等，1996）。

5 生态服务功能导向的城市绿地规划模式

5.1 模式的目标与性质

5.1.1 以最大幅度提高城市绿地的生态效益为目标

生态服务功能导向的城市绿地规划模式是一种城市绿地规划的新方法，它的目标是最大幅度地提高城市绿地的生态效益，使城市绿地的配置更适应改善城市人居环境的需要，促进城市地域的人与自然的和谐共生。与传统的城市绿地规划方法相比，这种新模式全面考虑城市绿地的生态效益，关注气候调节、灾害避难、生物多样性维持等传统方法忽视的绿地功能，并根据城市人居环境特点，综合权衡城市绿地的各项生态服务功能，争取在约束条件下通过绿地规划建设最大幅度地提高绿地生态效益。

5.1.2 规划模式中包含景观尺度的生态系统综合评价

评价城市绿地现状是规划建设城市绿地的基础。因此，生态服务功能导向的城市绿地规划模式中包含对城市绿地现状的评价。以生态系统综合评价方法为指导，把城市绿地看作景观尺度的生态系统来评价，评价的内容是城市绿地的生态服务功能。如前所述，城市绿地的生态效益由 8 项生态服务功能构成，根据这 8 项生态服务功能的空间特点，城市绿地规划重点关注大气调节、气候调节、灾害避难、休闲娱乐、生物多样性维持 5 项生态服务功能。评价是为规划服务的，因此对城市绿地现状的评价也侧重这 5 项生态服务功能。

严格来说，生态系统综合评价包括生态分析和经济分析两部分。而在本研究中，对城市绿地的评价只涉及生态分析，忽视经济分析的缺憾通过城市绿地规划中重视经济可行性加以弥补。

5.1.3 规划模式属中长期景观生态规划

近年来，城市绿地规划的编制工作受到前所未有的高度重视。原因主要有以下几个方面：第一，我国由上而下，从决策者到普通居民环境意识的增强；第二，行政的介入与引导，包括“园林城市”的评选，全国绿化工作会议精神的贯彻等；第三，城市经济实力的增强使以政府投入为主渠道的绿化建设资金有了保证；第四，随着人民生活水平的提高，居民对人居环境和生活品质提出更高的要求。

然而，尽管从 20 世纪 90 年代初城市绿地规划就开始作为专项规划独立编制，到目前为止城市绿地规划的定位却很模糊，以至于各地编制出的城市绿地规划从侧重点到规划内容、规划深度都有很大差别。有的城市绿地规划侧重于在城市规划确定的城市绿地上做文章，将城市的主要公园、绿带、绿化广场的细部设计作为城市绿地系统规划的内容，以体现对城市总体规划的深入和细化；有的城市绿地规划则完全置城市总体规划于不顾，不考虑影响城市绿地规划的众多因素，就绿地谈绿地，门类众多的绿地类型和高标准的规划指标只能是空中楼阁，根本不可能实现，比如有的城市提出人均绿地 100 m^2 的指标；有的城市绿地规划还包括园林行业发展规划、近期投资规划等内容。

从定位上来讲，生态服务功能导向的城市绿地规划模式属于中尺度的、中长期的景观生态规划。它与城市规划属同一空间尺度、同一时间跨度的规划，不考虑公园、绿带、绿化广场的细部设计，也不将园林行业发展规划作为规划内容。城市绿地景观生态规划考虑城市经济、文化等众多因素以及城市的动态变化，参考城市总体规划对城市未来发展的设想，但绝不能完全屈从于城市规划，否则它就失去了编制的意义。

5.1.4 评价与规划的对象是城市绿地景观格局

生态服务功能导向的城市绿地规划模式与以往的城市绿地规划方法相比，创新的不仅仅是扩展了规划目标，将城市绿地的气候调节功能、灾害避难功能、生物多样性维持功能等纳入考虑。更重要的是，该规划模式引入景观生态学的观点，以城市绿地景观格局对每项生态服务功能的制约作用为理论基础，从而把对城市绿地生态服务功能的评价转化为对城市绿地景观格局的评价。由于评价的对象就是城市绿地景观，直接落到了空间上而不是功能上，因此可以很直接地得出城市绿地景观格局如何调整的结论。

5.1.5 以遥感和 GIS 技术为支撑

遥感和 GIS 技术可以为评价与规划提供最新的、详尽细致的城市景观空间数据，如绿地、建筑、水体分布信息，城市热场分布信息等。除了提供空间数据外，遥感和 GIS 技术也可大大提高城市景观格局分析的效率，因为城市景观格局数据属空间数据，而空间数据分析正是 GIS 技术的特长。

5.2 模式的框架

基于生态系统综合评价和景观生态规划的有关原理，根据本研究对城市绿地规划目标与性质的定位，生态服务功能导向的城市绿地规划模式由确定各项生态服务功能被提升的优先顺序、城市绿地单项生态服务功能评价、城市绿地景观生态规划三个步骤组成（图 5-1）。

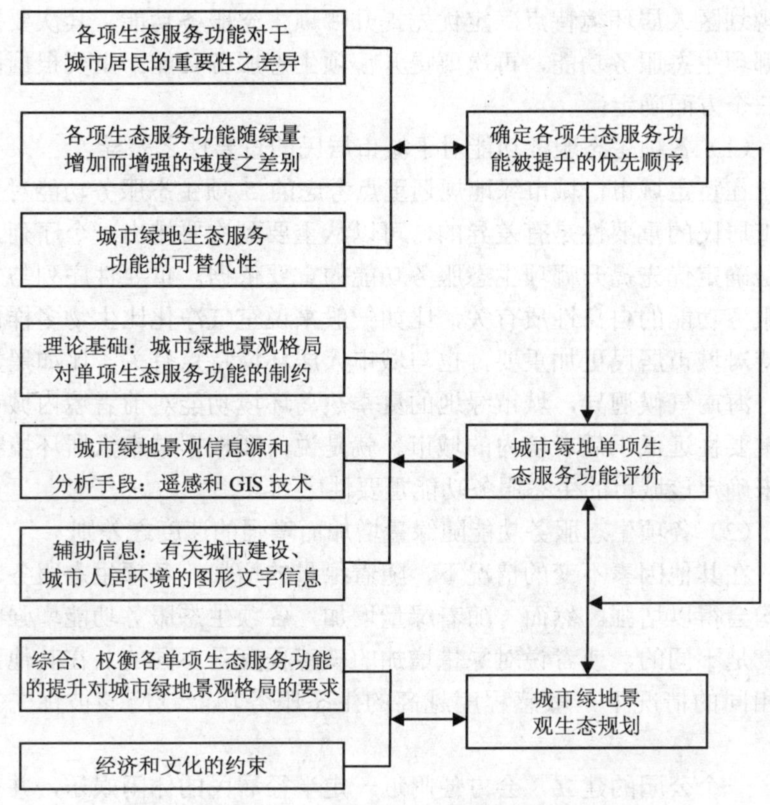

图 5-1 生态服务功能导向的城市绿地规划模式

5.2.1 确定各项生态服务功能被提升的优先顺序

城市绿地规划重点考虑大气调节、气候调节、灾害避难、休闲娱乐、生物多样性维持 5 项生态服务功能，希望通过绿地面积的增加及科学布局提升这 5 项生态服务功能。然而，对于特定的城市来说，这 5 项生态服务功能的重要程度是不同的，某项生态服务功能甚至是无须考虑的。同时，城市绿地景观格局对它们的制约作用不同，通过改变城市绿地景观格局提升某项生态服务功能的同时，有可能削弱另一项生态服务功能。因此，在城市绿地规划之初，要根据规划区人居环境特点确定优先提升哪项生态服务功能，其次要提升哪项生态服务功能，再次要提升哪项生态服务功能。主要根据以下三个方面确定：

（1）各项生态服务功能对于城市居民的重要性之差异

在特定城市，城市绿地规划重点考虑的 5 项生态服务功能对于城市居民的重要性是有差异的，可以从重要到次要排出一个序列，这是确定优先提升哪项生态服务功能的重要依据。重要性序列与生态服务功能的自身性质有关，比如一般来说空气净化比生物多样性维持对城市居民更加重要，也与城市人居环境特点有关，比如黑龙江、海南气候迥异，城市绿地的夏季热岛环境功能对前者境内城市的重要性远低于后者境内的城市。就是说，要根据城市人居环境特点来确定该城市的生态服务功能重要性序列。

（2）各项生态服务功能随绿量增加而增强的速度之差别

在其他因素不变的情况下，随着绿量的增加，各项生态服务功能均会得以增强。然而，随着绿量增加，各项生态服务功能增强的速度是不同的，或者说对绿量增加的敏感程度是不同的。在其他条件相同的情况下，敏感程度越高的生态服务功能越应该被优先提升。

一个公园的建立，会方便附近一定半径居民的休闲娱乐，并在灾害发生时为他们提供临时避难场所。林灌草垂直结构绿地的大气调节功能、气候调节功能远大于草地。这说明，大气调节、气候调节、灾害避难、休闲娱乐 4 项服务功能对于绿量增加有很高的敏感度。相比之下，生物多样性对于绿量增加的敏感性较差。以河岸绿地廊道为例，宽度达 30 m 时，就能有效地降低温度、控制水土流失和过滤污染物，而要满足动植物迁移和传播以及生物多样性保护的功能，则需达到 60 m 宽（F. Pace，1991）。

（3）城市绿地生态服务功能的可替代性

城市绿地的每一项生态服务功能都为居民带来某一方面的利益，可以避免、缓解或解决城市某一方面的人居环境问题。然而，这一方面人居环境问题可能存在其他的解决方式，这就是说，城市绿地的生态服务功能有是否可以被替代以及何种程度被替代的问题。单从可替代性考虑，可替代性越弱的生态服务功能越应该优先予以提升。

绿化只是缓解城市大气污染的途径之一，控制大气污染物的排放才是解决问题的根本途径。缓解城市夏季高温的方法除了绿化和增加水面外，还有一种屋顶、道路采用高反光材料的方法，两种方法可以结合使用。绿地的休闲娱乐功能与其他场所的休闲娱乐服务功能有很大差别，其放松效果更好，对人体健康更有利，可以说是不可替代的。城市绿地的灾害避难服务功能可以被其他城市开敞空间取代，如建筑间的大片水泥铺地面。生物多样性也是不可替代的城市绿地生态服务功能。

5.2.2 城市绿地单项生态服务功能评价

（1）理论基础：城市绿地景观格局对单项生态服务功能的制约

上一章详细研究、总结了城市绿地景观格局如何制约各项生态服务功能。这些原理、规律是评价城市绿地单项生态服务功能的理论基础。

（2）城市绿地景观信息源和分析手段：遥感和 GIS 技术

城市绿地景观以风景名胜地、城市各类公园、街头绿地、居住区绿地、单位附属绿地、农地、林业用地、城市生产防护林地、城市闲置待用的荒芜地等多种形式存在于城市中，用传统的调查制图方法很难将它们准确表现出来，而且周期也会很漫长。因此，必须借用遥感方法获取城市绿地景观信息。不同类型遥感数据的空间尺度与分辨率相差很大。本书提出的城市绿地规划模式是景观尺度的，ETM、SPOT 等卫星遥感影像即可满足规划对城市绿地景观信息的需求。虽然在这类卫星影像中不能形成独立像元的小块绿地得不到反映，但是对城市绿地景观格局分析的影响不大。

GIS 技术则为城市绿地景观格局定量分析提供了技术手段。例如，城市绿地景观的夏季热岛缓解功能与城市绿地景观的面积百分比、缀块相邻百分数、面积加权平均缀块形状指数、边界密度、缀块密度、邻近度等指数相关。这些指数的公式复杂，涉及的变量众多，靠人工计算工作量极大。作为空间数据分析手段，GIS 技术可以在这方面大有作为。

（3）辅助信息：有关城市建设、城市人居环境的图形文字信息

城市绿地的单项生态服务功能强弱不仅取决于城市绿地景观的内部格局，还取决于城市绿地景观与城市景观其他要素的空间关系。以夏季热岛缓解功能为例，城市绿地景观主要分布于建成区，还是主要分布于郊区，效果大不相同。因此，在评价城市绿地的单项生态服务功能时，除了需要城市绿地景观信息，还需要大量的辅助信息。要尽可能多地收集有关城市建设、城市人居环境的信息作为评价的参考。城市建设、城市人居环境是动态发展的，对城市绿地单项生态服务功能的评价也必须面向未来，有长远眼光，做长远分析。

5.2.3 城市绿地景观生态规划

生态服务功能导向的城市绿地规划模式以最大幅度地提高城市绿地的生态效益为目标，把生态因素作为规划的主要依据。它也考虑经济与文化因素，因为经济和文化是城市绿地景观格局优化的约束条件。

（1）综合、权衡各单项生态服务功能的提升对城市绿地景观格局的要求

经过城市绿地单项生态服务功能的评价，可以明确要提升某项生态服务功能，城市绿地景观格局需要从哪些方面做出调整。城市绿地规划的目标是通过提升其生态服务功能最大幅度地提升其生态效益，然而，城市绿地景观格局对各项生态服务功能的制约作用不同，导致各项生态服务功能的提升对城市绿地景观格局的要求不同，甚至相反。例如，要提升城市绿地的夏季热岛缓解功能，城市绿地最好以小缀块的形式在城市中均匀分布，而要提升城市绿地的生物多样性维持功能，城市绿地应大小缀块并存，并用较宽的绿地廊道相互连接。因此，生态服务功能导向的城市绿地规划的重要任

务之一就是综合、权衡各单项生态服务功能的提升对城市绿地景观格局的要求，当出现不可调节的矛盾时，根据各生态服务功能被提升的优先顺序决策。

（2）经济和文化的约束

在生态服务功能导向的城市绿地规划模式的前两个步骤中，生态因素是判断和评价的唯一准则，经济和文化因素没有被纳入考虑。因此，在规划模式的最后一步，城市绿地景观生态规划中必须考虑经济和文化因素，否则在规划模式指导下的城市绿地规划将会有先天的缺陷。经济因素对城市绿地规划的影响主要体现在高昂的土地成本对绿地面积增加的约束。我国城市中可用来建设绿地的土地极为有限，老城区更是如此，因此，城市绿地景观生态规划的一条重要原则是在不增加或少增加绿地面积的情况下，通过城市绿地景观水平和垂直结构的调整来提高其生态效益。另外，在根据提高生态效益需要调整城市绿地景观格局时，还要考虑文化上的约束。比如，在城市的部分地段，绿地是城市历史文化景观的组成要素，是城市风貌的体现，对这类绿地就不能随意改变其水平和垂直结构。

6 生态服务功能导向的南京城市绿地规划

6.1 规划区概况

6.1.1 位置与范围

南京位于北纬 31°14'～32°36'，东经 118°22'～119°14'，东接富饶的长江三角洲，南靠宁镇丘陵，西倚皖赣山区，北连江淮平原，地理位置十分优越。全市辖 11 区 2 县，总面积 6 598 km^2，人口 623.8 万。本规划的范围是南京市的主城区，具体为长江以南，外环路以

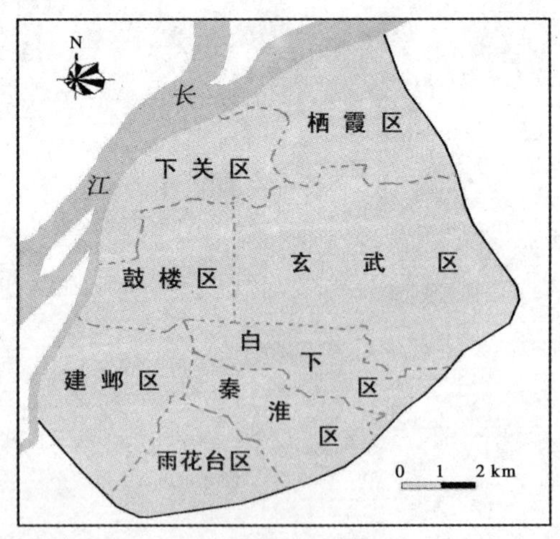

图 6-1 规划区域

内的城市区域，面积 238.7 km^2，东西最宽处 12 km 左右，南北最宽处 15 km 左右。行政上包括鼓楼区、下关区的全部，玄武区、建邺区、秦淮区、白下区的大部，雨花台区的半部，栖霞区的少部分（图 6-1）。

6.1.2 自然概况

南京四周低山盘曲，山环水绕，自然风貌独特。气势磅礴的长江自西向东横穿市区，辖区内有秦淮河、滁河、玄武湖、莫愁湖、石臼湖、固城湖等流域水网纵横交织，水面占全市面积 11.4%，水资源极为丰富。岗峦起伏的宁镇山地由东向西形成三个分支切近城市边缘楔入城区，溧水县境内有茅山山脉，江浦县境内有老山山脉。低山丘陵占全市面积 64.5%，是华东低山丘陵集中的主要区域之一。主城区自然环境优越，东北有钟山，西北有长江，宁镇山脉楔入市区，素有“龙蟠虎踞”之称。城内有秦淮河、玄武湖、莫愁湖、清凉山、九华山、北极阁、小红山等自然山水。

南京属北亚热带季风气候区，四季分明，但冬夏长而春秋短。光能、水资源较丰富，年平均气温 16℃，年平均降雨量 1 106 mm，无霜期 237 天。气候的年变化较大，冬季干旱寒冷，夏季炎热多雨。主要气象灾害有台风、寒潮、连阴雨、冰雹、炎热高温和旱涝。

南京地区典型地带性植被为落叶常绿阔叶混交林，但是由于人类长期而且日益强化的经济活动，目前的森林植被多为含有常绿阔叶树种的落叶阔叶林和人工栽培的针叶林。据调查和有关资料统计，南京地区共有维管束植物 1 655 种（贾春等，2003）。丰富的基因资源为南京城市绿化提供了丰富的园林植被物种。

6.1.3 社会经济概况

南京是一座历史文化名城，与北京、安阳、西安、洛阳、开封、杭州并称为中国七大古都。东郊汤山猿人头骨的出土，表明 35 万年前南京就是古人类聚居之地。公元前 472 年越王勾践灭吴后，在今天南京的中华门西南侧建城，开创了南京的城垣史，迄今已有 2 471 年。公元 3 世纪以来，先后有东吴、东晋，南朝的宋、齐、梁、陈，以及南唐、明、太平天国、“中华民国”共 10 个朝代和政权在南京建都立国，留下了丰富的民族文化遗产。

改革开放以来，南京市社会经济发展迅速，国民经济形成高增长、低通胀的新局面，经济运行质量良好。2004 年，全市国内生产总值为 1 910 亿元，人均国内生产总值为 27 128 元，全市财经收入为 403.65 亿元。产业结构调整速度加快，在第二产业稳定增长的同时，第三产业对经济增长的推动作用明显增强。全市国内生产总值中，第一产业为 70 亿元，第二产业为 1 005 亿元，第三产业为 835 亿元，分别占总额的 3.66%、52.62%和 43.72%。

6.1.4 城市绿化建设概况

长期的绿化建设使南京绿地系统具有良好的基础。目前南京主城区城市绿地总面积达 9 000 hm^2，绿化覆盖率达 38%，其中包括 40 多个城市公园在内的近 1 500 hm^2 公共绿地，5 000 hm^2 的风景林地和 250 hm^2 的防护绿地，人均公共绿地近 8 m^2，并涌现出 550 个绿化达标先进单位，道路、滨河、城垣绿化初步构成主城区的绿化网络，行道树达 16.7 万株，并拥有占市区面积近 2%的绿化生产用地，基本满足了全市绿化用苗的需要。

据南京市园林局资料，南京市绿化系统中树种总计 633 个，其中最常见的绿化树种为雪松（*Cedrus deodara*）、悬铃木（*Platanus acerifolia*）、香樟（*Clinamomum camphora*）、广玉兰（*Magnolia grandiflora*）、水杉（*Metasequoia glyptostroboides*）、垂柳（*Salix -baby-lonica*）、白玉兰（*Magnolia denudata*）、合欢（*Albizzia jublibrissin*）、槐树（*Sophora japonica*）、柏木（*Cupressus funebris*）、马尾松（*P. massoniana*）、金钱松（*Pseudolarix kaempferi*）等。南京市园林绿地中还有近 100 种地被植物，加上人工培育的多种花卉，使城市绿化显示出乔（竹）、灌、草（地被）、藤相结合的多层次立体结构。

6.2 南京城市绿地生态服务功能提升目标

6.2.1 优先提升城市夏季热岛缓解功能

南京城市绿地的夏季热岛缓解功能需重点提升、优先提升是基于以下考虑：绿化虽然不是缓解城市热岛的唯一方法，但却是必须采用的方法，因为单纯依靠高反光材料缓解城市热岛是不可能的，增加水面难度更大；热岛缓解服务功能是对绿量增加反应敏感的功能；南京主城区夏季高温灾害有愈演愈烈的趋势。

（1）南京夏季高温灾害严重

南京夏季受副热带天气系统控制，气温高，湿度大，风速小，成为全国著名的“火炉”城市之一。夏季高温不仅造成气候舒适度差，而且已经对居民健康造成了严重危害，同时带来电能供应紧张等城市问题。

有研究表明，当气温高于 30℃，同时相对湿度大于 73%时，随着气温、湿度增加，重症中暑人数会迅速上升（焦艾彩等，2001）。南京夏季日最高气温、湿度经常高于这个值，因而每年都有重症中暑患者，特别是夏热年患者更多、死亡率更高。据南京市卫生局资料：1988 年夏热年，南京市重症中暑人数达 411 人，死亡 124 人；1998 年夏热年，重症中暑人数为 232 人，死亡 24 人。虽然重症中暑人数由于降温设备增多，防暑预报而呈下降的趋势，但夏季高温始终是南京主城区严重的、亟待解决的环境问题。

由于天气炎热、用电量剧增，南京市几乎每年夏季都出现用电紧张的局面。2004 年夏季电力缺口达 134 万 kW，比 2003 年翻了一番。电力部门不得不每年夏季都启动拉闸限电方案，在用电高峰停止部分高耗能工业的电力供应，由此造成较为严重的经济损失。

（2）南京主城区夏季热岛效应明显，并有将进一步增强的趋势

为了解南京主城区夏季热场的具体分布，本研究利用遥感影像反演出南京主城区夏季亮温热场。亮温是指下垫面的辐射温度。据

范心圻等人研究，亮温、地温、气温具有密切的联系，如果只注重区域的对比，可以用亮温热场来表示城市热场（范心圻，1991）。因此，本研究所得的夏季亮温热场可以反映遥感成像瞬间南京主城区夏季地温、气温的局部差异。

目前，热红外遥感的常用信息源主要有NOAA气象卫星AVHRR的第4通道、第5通道和陆地卫星TM的第6波段。相比之下，TM6的影像分辨率较高且图像大气程差较均匀，数据可比性更强。研究中选取南京地区2002年8月21日正午12:27分的ETM影像的第6波段为遥感信息源，图像分辨率为60 m，选择了对比度更佳的高增益文件格式。下垫面温度最高值约出现在午后1点，因此成像时地温接近最高值，此时地温和亮温差异也较大，由此反演的亮温热场可以很好地反映城市夏季热场。

采用Erdas Imaging 8.5为遥感图像处理软件，反演亮温热场。由于图像清晰，无云影响，已做过几何校对处理，在截取南京主城区子图后，即在Modeler模块下运用公式进行亮温反演。

分两步进行，首先将灰度值转为辐射亮度值，计算公式为：

$$L_6 = \text{gain} \times DN + \text{bias}$$

式中：L_6——地物在大气顶部的辐射亮度；

DN——像元值；

gain和bias——从ETM影像的头文件中得到的常数，

gain = 0.037 058 821 846 457［W/（m^2·Sr·μm）］，

bias = 3.200 000 047 683 716［W/（m^2·Sr·μm）］。

然后，将辐射亮度值反演为亮温值。计算公式为：

$$T = \frac{K_2}{\ln\left(\frac{K_1 + L_6}{L_6}\right)}$$

式中：L_6——由上式给出的地物在大气顶部的辐射亮度；

K_1和K_2——常数；

K_1=666.093 W/（m^2·Sr·μm），K_2=1 282.710 8 K。

计算所得为绝对温度，为研究方便转成了摄氏温度。经统计，南京主城区最高亮温值 41.969℃，最低亮温值 24.821℃，平均亮温值 32.508℃。

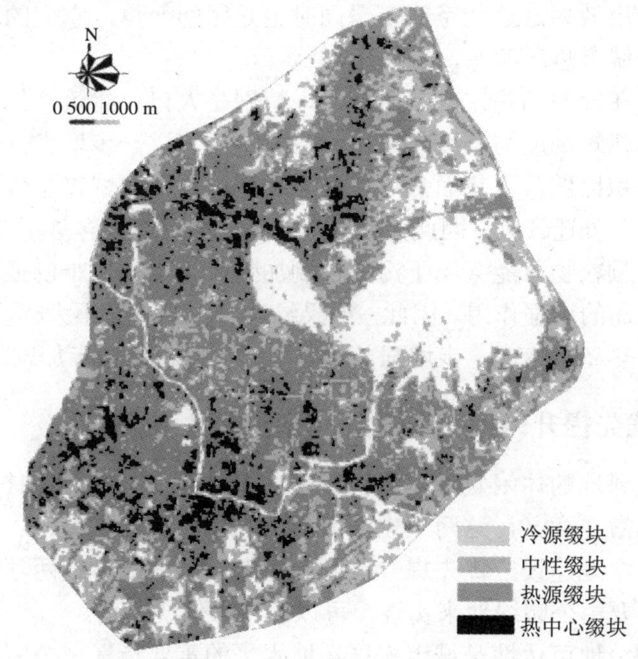

图 6-2 南京主城区亮温热场

为分析南京主城区亮温的水平分异特征，根据亮温值将城市景观分为 4 种缀块类型，即 $T>36$℃的热中心缀块，36℃$>T>32.6$℃的热源缀块，32.6℃$>T>30.5$℃的中性缀块，$T<30.5$℃的冷源缀块，从而得到南京亮温热场图（图 6-2）。从图上可以看出，热中心、热源两种高温缀块集中分布在北至幕府山、南至卡子门—奥体中心连线，东至钟山、玄武湖的区域。这一区域正是南京主城区人口、建筑、工业密集地带。在南京主城区外围则以冷源缀块和中性缀块为主。从主城区中心向外围亮温梯度递减趋势明显，表明南京城市热岛效应已达到相当的强度。

城市热岛效应与景观异质性密切相关，具体来说，决定于以下水平变量：建筑高度与密度、下垫面透水面积比例、下垫面热通量、人为热排放量、温室气体含量和大气悬浮颗粒物含量、植被遮荫率与蒸腾作用效率。这些空间变量同时也是时间变量，它们的动态变化决定着城市热岛动态。

不存在疑问的是，南京主城区，特别是人口、建筑密集地带以外区域的建筑高度与密度未来 10～20 年间将进一步增大，下垫面不透水面积比例、下垫面热通量会随之增大；南京城市总体规划中也没有工业外迁计划，因此人为热排放量、温室气体含量不会减少；大气悬浮颗粒物可能会由于污染控制加强而减少，但难以抵消其他变量对热岛的增强作用。因此，如果绿地面积或绿量不大幅度增加，南京城市热岛必然进一步增强，夏季高温灾害将进一步加剧。

6.2.2 优先提升休闲娱乐、灾害避难功能

城市绿地的休闲娱乐、灾害避难功能对南京城市居民具有重要的现实和潜在意义，这两项生态服务功能也相对容易提升。因此，南京城市绿地建设应优先提升这两项生态服务功能。这两项生态服务功能主要由公园绿地来实现，可以同步评价、规划。

公园绿地可达性是城市人居环境水平的重要指标。公园绿地能够为城市居民提供一个放松身心、缓解生活压力、安静的休息场所。贴近居民，就近为居民提供服务是公园绿地布局的原则。

南京市地处中强地震频发的省区，历史上曾发生过破坏性地震。近二十多年来，曾多次遭受周边地区中强地震的波及。1996 年，南京市被国务院确定为未来 10 年或更长一段时间的地震重点监视防御区和率先实现防震减灾 10 年目标的战略区之一。在这座城市建立具有灾害避难功能的城市公园体系，具有重要的战略意义。

6.2.3 兼顾大气净化功能的提升

城市绿地的大气净化功能事关城市整体人居环境，与气候调节服务功能处于同等重要的地位。但是，由于以下两个原因，对于南

京主城区来说，其优先顺序在夏季热岛缓解、休闲娱乐、灾害避难3项生态服务功能之后。

（1）城市绿地景观格局对夏季热岛缓解、大气净化两项生态服务功能的制约作用相似，这两项生态服务功能的提升基本是同步的

在城市绿地景观面积确定的情况下，绿地景观格局对城市夏季热岛缓解服务功能的制约作用可以概括为以下几点：① 绿地郁闭度越高、绿量越大，降温效果越佳；② 人口密集区绿地的降温效应具有更高的社会价值；③ 绿地越分散，形状越复杂，越有利于绿地与建筑景观的空气混合和热量交换，降温效果越好；④ 城市边缘迎风面的楔状绿地、连续且与风向平行的带状绿地有引风、通风的作用。

在城市绿地景观面积确定的情况下，绿地景观格局对城市大气净化功能的制约作用可以概括为：① 绿地层次越多，绿量越大，大气净化效果越佳；② 城市绿地位于污染物大量产生和易于聚集的地块，其大气净化功能的社会价值更高；③ 分散的小块林地大气净化功能强于集中的大块林地；④ 带状绿地的通风作用有助于大气污染物的扩散稀释。

可见，城市绿地景观格局对夏季热岛缓解、大气净化两项生态服务功能的制约作用相似，最大的差别在于要提升城市绿地的夏季热岛缓解功能，城市绿地最好向人口密集区集中，而要提升城市绿地的大气净化服务功能，城市绿地最好向机动车道、面状污染源区、高层建筑密集区集中。因此，一般来讲，随着城市绿地面积和绿量的增加或绿地布局的优化，这两项生态服务功能会同步提高。

（2）南京主城区大气质量良好，大气污染物排放将得到进一步控制

据 2003 年南京市环境状况公报：主城区环境空气质量总体良好，年日空气污染指数（API）平均为 84.5。全年环境空气达到优秀、良好（API＜100）状态的天数占全年天数的 81.4%，为 297 天。处于轻度污染（API 在 101～200）的天数 68 天。无中度以上污染（API＞200）（南京市环境保护局，2004）。

南京城市环境空气中首要污染物为可吸入颗粒物。据 2003 年南京市环境状况公报：主城区环境空气中，二氧化硫、二氧化氮年日平均浓度分别为 0.029 mg/m^3、0.048 mg/m^3，均明显优于国家环境空气质量二级标准（二氧化硫 0.060 mg/m^3、二氧化氮 0.080 mg/m^3）；可吸入颗粒物年均值为 0.120 mg/m^3，劣于国家环境空气质量二级标准（0.100 mg/m^3）（南京市环境保护局，2003）。

尽管南京市大气质量总体良好，南京市政府仍然对大气污染予以了高度关注，2003 年 7 月、2004 年 2 月两次发出关于大气污染控制的通告。设立了禁止燃烧高污染燃料区，对大气污染物，特别是可吸入颗粒物的各种污染源都加以了限制。2005 年 6 月 5 日《南京市大气污染防治条例》开始实施，对大气污染源的控制进一步加强。

6.2.4 兼顾生物多样性维持功能的提升

虽然对于南京主城区来说，生物多样性保护不是特别紧迫的人居环境课题，而且生物多样性维持是一种不容易提升的绿地生态服务功能。但是，由于生物多样性是城市绿地系统保持健康并提供生态服务功能的前提，生物多样性维持是城市绿地独有、不可替代的功能，南京城市绿地规划也应对生物多样性维持功能予以一定程度的关注，即使不予以提高，也要避免在提升城市绿地其他生态服务功能时损害到城市生物多样性。

6.3 南京城市绿地景观遥感信息解译

6.3.1 遥感信息源与解译方法

为保证数据结果的真实性和时效性，在分析南京城市绿地景观格局时，信息源采用卫星遥感数据。卫星图像仅是某一瞬间地面实况的反映。南京城市绿地景观一年四季季相变化较大，不同时间的遥感图像所反映出来的绿地景观信息差异很大，相对来说，夏季的遥感图像更为适宜。此时，各种类型城市绿地都呈明显的旺盛的绿色，光谱信息明显，易于判读。研究中选用 2002 年夏 8 月 21 日的南京地区 ETM 图像作为信息源。

利用陆地卫星遥感方法解译绿地景观时，有两种方法：一种为目视解译方法，凭光谱规律、地学规律和解译者经验，从卫星图像的颜色、纹理、结构、位置等各种特征解译出各种绿地景观类型；另一种是计算机图像分类法，选择分类特征、利用识别模式模型，确定每一像元的类型。目前，目视解译在实践中应用较多，但工作量大、调查速度较慢，人为干扰因素较大，造成实时性差，不够准确。计算机分类方法调查速度快，并可以识别出像元的每一级灰阶差异，缺点是单纯靠计算机分类会造成一定量的误判。最好的工作方式是在分类过程中将两种方法结合起来，进行较多的人机对话。

6.3.2 工作程序

（1）应用软件

遥感图像预处理、非监督分类在遥感图像处理专业软件 Erdas Imaging 8.4 中进行。分类结果为栅格式图像，转为矢量格式后，在 Arcview 3.3 中进行目视解译改值。

（2）资料准备工作

卫片：南京地区 2002 年 8 月 21 日 ETM 影像图，已经大气辐射校正、几何校正和波段融合，分辨率为 15 m；辅助地面资料为南京市土地利用图、南京市道路交通图、钟山及玄武湖地区 2002 年夏季航片（图 6-3）；南京市统计年鉴（1998），园林局绿地统计资料；相关报告、论文资料等。

（3）ETM 影像预处理

由于图像已经过大气校正、几何校正和波段融合，预处理工作仅仅是在 Erdas Imaging 8.4 中将 ETM 影像中的规划区进行分幅裁切，另外保存。

（4）非监督分类

非监督分类是依据给定的数学模式分出光谱类别，得到结果后再设法将光谱类别逐一与信息类别挂钩而得到可用结果。

图 6-3 遥感图像解译参考航片（2002 年夏季）

城市绿地景观的光谱信息比较单纯，与之相混淆的地面其他信息少，因此，在分辨率范围内，绿地信息可以准确提取出来。不同类型城市绿地的光谱特征差异较大，也可以相互区别。

考虑到绿地景观信息比较单一，在分类时采用非监督分类。应用 Erdas Imaging 8.4 中的 DataPrep——Unsupervised Classification 命令进行。在分类试验中，分别将影像数据分为 13 类、15 类、18 类、20 类、22 类、24 类、26 类、28 类、30 类、33 类、35 类、38 类、40 类。确定分为多少类最为合适的依据是城市绿地景观是否最完整地反映出来，而对于城市中其他土地利用类型则不予考虑。城市绿地景观为城市中被绿色植物覆盖区域。包括风景名胜地、城市各类公园、街头绿地、居住区绿地、单位附属绿地、农地、林业用地、城市生产防护林地、城市闲置待用的荒芜地等。分类的目的就是将这些绿地景观同周围地物分开，在判断哪一次分类最为合适时，采用了计算机分类加人机交互的方式，反复试验。

试验样本选取：① 公共绿地。选取了大、中、小不同面积，垂直结构层次具有代表性的多块公共绿地，包括钟山风景区、玄武湖公园、白马公园、鸡鸣寺、九华山公园、情侣园、明故宫广场、山西路广场、汉中门广场。② 附属绿地。南京大学、东南大学、南京林业大学、熊猫集团、人保城东分公司、南京石化公司化工二厂。③ 居住区绿地。太平新村、东方花园、瑞金北村、板仓新村、太平花园、海月花园、樱陀花园。④ 农地、林地植被。仙鹤门、岔路口、农场山、马群果园。⑤ 城市待用地植被。秦淮区东南部内秦淮河河岸植被、幕府山、聚宝山。

通过人机对话、利用航片对比分析、实地勘查，最终确定分为 26 类最为理想。26 类地物中，9 类属于城市绿地景观，具体结果见表 6-1、图 6-4。

表 6-1 南京城市绿地景观遥感信息非监督分类结果

计算机分类号	绿地类型
1	郁闭度＞90%的密林
2	90%的密林，较密林，园地
5	行道树，绿化覆盖率＞60%的居住区绿地
11	疏林、草地混合
12	长势好的农田，高密草，灌木、草地混合
14	农田，人工草坪，中低草
15	农田、灌木混合体，道路绿地、草坪混合体
17	疏低草，菜田
21	发育不良草地、农田

（5）目视解译改值

光学遥感图像存在同物异谱和异物同谱的现象，因此存在一定比例的误分。在得到非监督分类结果后，必须在大量实地调查的基础上，通过目视解译加以纠正。目视解译改值是重要的步骤，通过人—机屏幕交互式目视解译，将同物异谱、异物同谱现象进行有效的剔除。

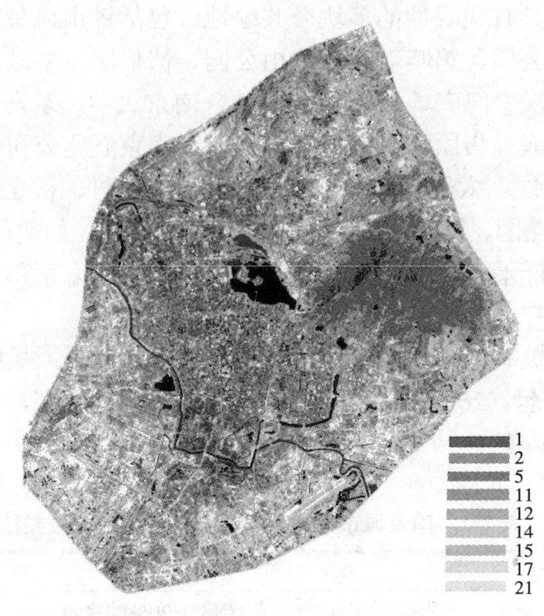

图 6-4 非监督分类所得绿地景观

6.3.3 关于分类精度的说明

农林绿地面积一般面积较大，且与周围地物有明显的区别，所以错分的机会较小。城市待用地植被虽然面积一般较大，但也有零星碎块和线状的河岸植被，且常与建筑景观相交织，有一定程度的误分现象。公共绿地较容易区别，误分机会较小。城市中的绿地绝大多数被周围建筑景观包围，有一定数量的混合像元存在，会出现一定程度的误分。

6.3.4 关于解译所得绿地景观尺度的说明

本规划的空间尺度为整个城市，不考虑城市绿地的局部现象和问题。与此相对应，选用经波段融合的 ETM 影像为绿地景观信息源，分辨率为 15 m。因此，解译所得的绿地缀块和绿地廊道宽度都在 15 m 以上。更小的绿地地块与相邻地物组成混合像元，难以被解译出来，多数未被归入绿地景观。它们主要是：行道树、道路两侧的道路绿化、部分居住区绿地、小块街头绿地等。

6.4 南京城市绿地单项生态服务功能评价

6.4.1 夏季热岛缓解功能不佳

（1）城市绿地景观大部分位于城市边缘，降温效应的社会价值较低

城市绿地景观与城市功能区，或者说与土地利用区的空间关系决定其夏季热岛缓解功能的社会价值。城市绿地景观越贴近人口高密度区或城市建筑密集区，居民从其热岛缓解功能中获益越多。然而，南京城市绿地景观分布却与人口分布很不协调，居民从其直接、间接降温效应中获益甚少。

南京主城区是典型的单中心型城市结构，由市中心向外围居住用地、商业用地明显递减，工矿用地、农业用地比例逐步递增。《南京市市区土地利用现状与潜力调查成果汇编》将主城区划为三个圈层，由内而外依次是中心区、内城区、过渡与外围区，土地利用强度、建筑密度由中心区向外围呈递减之势，人口密度也呈大致相同的趋势。

从图 6-5 可以看出，南京城市绿地景观绝大部分位于人口、建筑密度相对较低的过渡与外围区，图中的城市绿地景观由遥感图像解译所得 9 个绿地类型合并而成。城市绿地景观的这种分布特点与主城区单中心型的城市结构有关，但最根本的原因还是南京多自然山水的自然环境，钟山、幕府山、雨花台都位于外围区内。图 6-6 反映了中心区、内城区、过渡与外围区城市绿地景观占城市景观比例的巨大悬殊，这说明城市绿地景观的分布与人口分布很不协调，大多数居民从城市绿地的夏季热岛缓解功能中获益甚少。对比图 6-2 和图 6-5 可以发现，热源缀块和热中心缀块的分布区正是城市

绿地景观缺乏的区域。

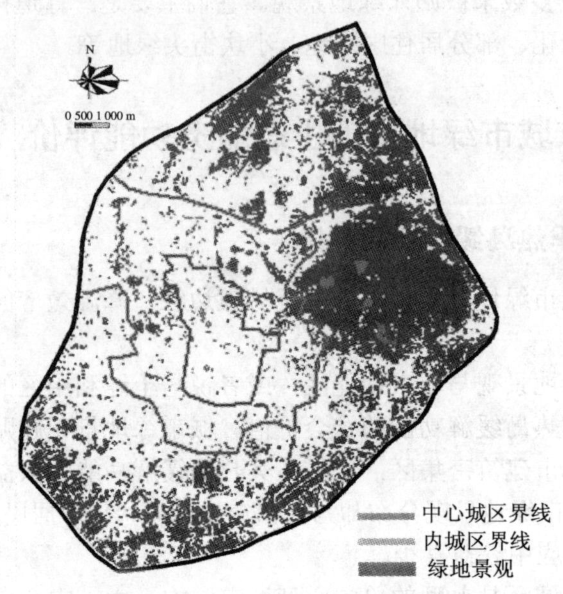

图 6-5 南京城市绿地景观在土地利用区的分布

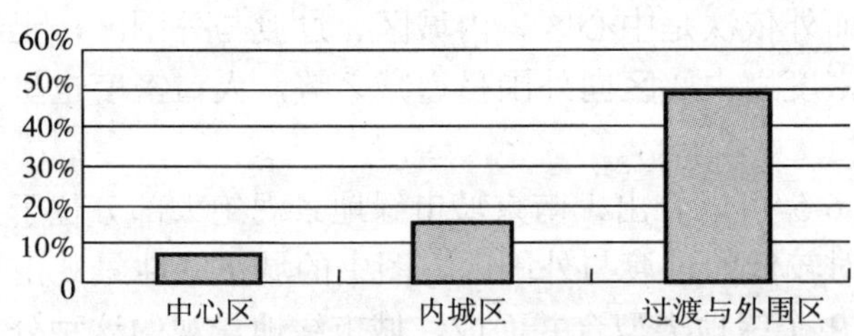

图 6-6 不同土地利用区城市绿地景观面积比例差异

（2）高绿量绿地缀块比例较高，但河西新城区绿化以草地和装饰绿地为主，绿量不足

不同城市绿地类型直接、间接降温效果都存在差别，总的规律是绿地郁闭度越高、绿量越大，降温效果越好。南京城市绿地景观

以高绿量的林地为主，尤其是中心城区和内城区。

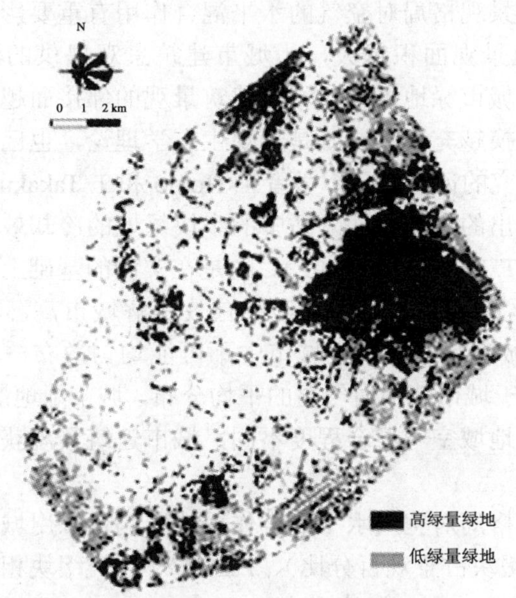

图 6-7 城市绿地景观的绿量分异

遥感图像解译所得的 9 个城市绿地类型中，1、2、5、11 属林地，它们之间只是疏密、层次有差别，可归为高绿量绿地缀块，其余 5 个绿地景观类型可归为低绿量绿地缀块。经统计，南京主城区高绿量绿地缀块占城市绿地景观总面积的 59.1%，中心区、内城区、过渡与外围区这一比例分别为 90.5%、77.2%、57%。过渡与外围区这一比例最低的主要原因是农田比例较大，但河西新城区以草地和装饰绿地为主的绿化方式也是重要原因。秦淮河以西、梦都路以北的河西新城低绿量绿地缀块占城市绿地景观总面积的 97.3%。

（3）城市绿地景观格局不利于空气的水平混合

局部大气湍流和风是由景观异质性引起的水平生态过程。它们可以起到混合城市和附近乡村空气，避免出现局部过高气温的作用。城乡之间、绿地建筑与建筑景观之间气温差距之所以远小于地温差距，空气水平混合作用的存在是重要原因之一。

城市绿地景观格局对空气的水平混合作用有重要影响。不仅体现在城市绿地景观面积越大，为城市建筑景观提供的湿冷空气越多；更体现在城市绿地景观与城市建筑景观的邻接面越大，二者的空气与热量交换越充分。这既是景观生态学理论，也已经得到国内外学者实验研究的证实。日本学者 T. Honjo 和 T. Takakura 在大量实测的基础上得出的结论是间隔适中的小块绿地的冷却效果好于集中的大块绿地（T. Honjo 等，1992）。也是在实测的基础上，Rosenfeld 的结论更加形象：每户一棵树可更有效缓解城市高温（Rosenfeld 等，1995）。城市绿地景观在城市中不可能均匀散布，城市绿地越散布，越有利于城市范围内气温的平均分布，城市绿地散布程度低，则城市的不同地域空气混合程度不同，城市建筑景观获得的冷空气数量不同。

绿地景观格局对空气水平混合作用的影响可以用城市绿地景观的 *PLAND*（缀块占景观百分比）、*PLADJ*（同类缀块相邻百分数）、*ED*（边界密度）、*PD*（缀块密度）、*SHAPE_AM*（面积加权形状指数）、*MPI*（邻近度）6 个指数来表达。*PLAND* 的大小表示城市绿地景观相对于城市景观的面积比例；*PLADJ*、*ED*、*PD*、*SHAPE_AM* 四个值的大小决定在同样城市绿地景观面积的情况下，城市绿地景观与城市建筑景观空气、热量交换界面的大小，交换界面越大，则城市绿地景观的间接降温效果越好；*MPI* 则表示城市绿地景观是集中还是分散，城市绿地景观越分散，越有利于城市区域气温的均匀分布，避免出现局部过高气温。需要注意的是，景观指数大小受粒度影响，根据相同分辨率遥感图像解译的、不同城市的城市绿地景观之间，景观指数计算结果才具有可比性。

将遥感解译所得 9 个城市绿地类型合并为城市绿地景观，将其作为南京城市景观的 1 个缀块类型，在景观指数计算软件 Fragstats 3.3 栅格版的支持下，对景观指数进行了计算，结果见表 6-2。

表 6-2 南京城市绿地景观指数计算结果

区（县）	*PLAND*/%	*PLADJ*/%	*ED*/（m/hm^2）	*PD*/（个/km^2）	*SHAPE_AM*	*MPI*
鼓楼区	12.63	77.58	65.44	15.27	2.45	18.17
玄武区	61.32	94.83	72.09	6.51	9.49	4 429.40
白下区	17.58	80.38	77.54	13.86	3.17	42.32
秦淮区	28.90	84.87	100.49	12.14	7.37	394.52
建邺区	25.01	84.33	90.12	11.90	6.95	183.63
下关区	19.93	86.19	61.82	11.69	3.65	75.19
雨花台区	47.07	89.86	108.94	10.00	4.29	352.16
栖霞区	50.00	90.75	104.28	9.48	7.60	827.04
主城区	38.70	90.79	83.06	9.94	9.08	1 633.32

从城市整体看，南京城市绿地景观 *PLAND* 较高，达到 38.70%。然而，由于 *PLADJ* 高达 90.75%，城市绿地景观过于聚集，大型绿地是城市绿地景观的主体，致使城市绿地景观边界密度与绿地面积严重不相称。整个主城区城市绿地景观边界密度仅为 90.79 m/hm^2，这一数值比 *PLAND* 不到主城区平均值 1/3 的鼓楼区只高出 38.7%。这说明城市绿地景观与城市建筑景观空气、热量交换的界面小，城市绿地景观的间接降温作用影响范围小、降温效果差。主城区 *MPI* 高达 1 633.32，说明城市绿地景观散布程度低，不利于整个城市气温差距的缩小，而是有利于城市绿地集中地段城市建筑景观的降温。从图 6-3 可以看出，城市绿地集中地段的城市建筑景观都是南京人口相对稀少的工业区和乡村，降温效应的社会价值较低。因此，总的来说，南京城市绿地景观面积比例虽然较高，然而由于以大型缀块为主，且散布程度低，集中于人口稀少的地段，非常不利于城市建筑景观与城市绿地景观空气、热量的交换，不利于主城区范围气温的均匀分布，人口密度高、热岛效应强的城市建筑景观反而很少受到城市绿地景观冷空气的冷却。

从各个区来看，玄武区城市绿地景观聚集度、邻近度都极高，最不利于空气的水平混合。这是因为该区的城市绿地景观绝大部分集中于钟山地段，仅钟山一个绿地缀块就占了玄武区城市绿地景观总面积的 84.2%，而北京东路与珠江路之间的人口、建筑密集区城市绿地景观面积却非常有限。鼓楼区的城市绿地散布程度最高、聚集度最低，这两点都非常有利于空气的水平混合，然而，受 *PLAND* 值过低的限制，城市绿地的冷却效果不可能高。

（4）楔形绿地引风效果好，然而缺乏夏季通风效果良好的带状廊道

南京地处季风盛行区，秋冬两个季节多东北偏北风，春、夏两个季节多东南偏南风，夏季的风向频率如图 6-8 所示。

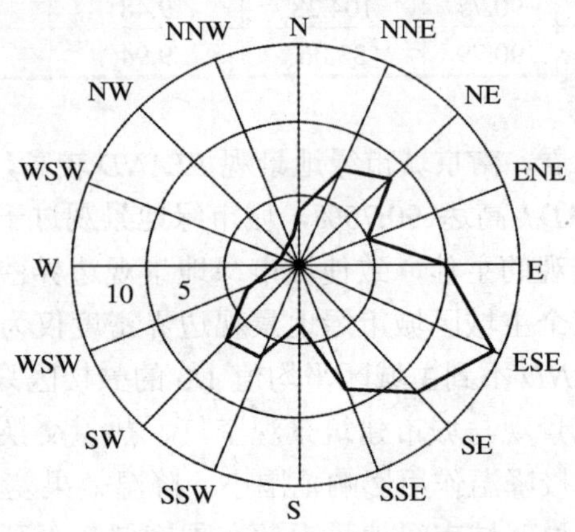

图 6-8　南京夏季风向频率图（据周曾奎，1999）

南京主城区外围有大片的农田和自然林地，引风效果好。夏季，无论是频率最高的东南偏东风、东南风，还是频率较高的东北风和西南风，都可以轻易地进入城市。唯一不足的是钟山对东风有一定阻挡作用。

城市景观中的溪流、道路、林带等廊道有引城郊、乡村冷湿气流入城，缓解城市夏季高温的作用。宽直、连续、且与夏季盛行风向平行的带状廊道通风效果更佳，更有利于引风入城、缓解城市夏季高温。一般来说，通风廊道需达到 50 m 以上才具有较好的通风

效果（周淑贞，1994）。南京主城区目前唯一与夏季盛行风向平行而且连续的带状通风廊道是秦淮河。道路廊道，特别是内城区和中心城区的道路廊道受宽度和走向的限制，通风效果一般。

6.4.2 城市公园景观可达性不高

如前所述，城市绿地景观的休闲娱乐功能由公园绿地实现。这里的公园绿地是广义的，包括城市公园、居住区游园、邻里公园、社区公园、河岸公园、林荫景观道路等绿地形式。其中，城市公园面积更大，休闲娱乐功能更强，是公园绿地的骨干。同时，城市公园面积较大，地势开阔，比其他公园绿地拥有更好的灾害避难功能。因此，拥有服务范围遍及全市的城市公园绿地体系是城市防灾、居民休闲娱乐的要求。这里的城市公园是指大型公共绿地，包括风景名胜区、公园、纪念园林、植物园、广场绿地、森林公园等。

（1）城市公园大小悬殊，分布不均匀

表 6-3 南京主城区城市公园的分布

区（县）	城市公园数目	城市公园总面积/hm^2	各种规模城市公园的分布		
			<2 hm^2	2～50 hm^2	＞50 hm^2
鼓楼区	8	65.4	3	5	—
玄武区	16	3 397.6	2	10	4
白下区	4	45.7	2	2	—
秦淮区	3	30.9	1	2	—
建邺区	2	63.3	—	2	—
下关区	8	65.4	3	5	—
雨花台区	3	144.8	—	3	—
栖霞区	6	291.4	—	5	1
主城区	48	4 138.1	10	33	5

注：分区统计时，跨 2 个区的城市公园在两个区各计 1 个。

南京主城区现有城市公园 48 个，总面积 4 138.1 hm^2，面积最小的是鼓楼公园，仅 0.64 hm^2，最大的是钟山风景区，达 2 560.71 hm^2。城市公园在各区的空间分布很不均匀，见表 6-3。

总面积合适的前提下，城市公园规模适中，面积均等，分布均匀，更有利于就近为居民服务。南京主城区城市公园现状恰恰与此理想状态相反，因此严重限制其生态服务功能的发挥。

（2）城市公园服务盲区大，景观可达性不高

500 m 服务半径是国际上公园绿地的平均设计标准（车生泉，2003）。城市公园按照这一标准设计，基本上可满足居民就近休闲、就近防灾避难的需要。另据有关研究，要达到灾害避难的要求，城市公园面积需在 2 hm^2 以上（游壁菁，2004）。

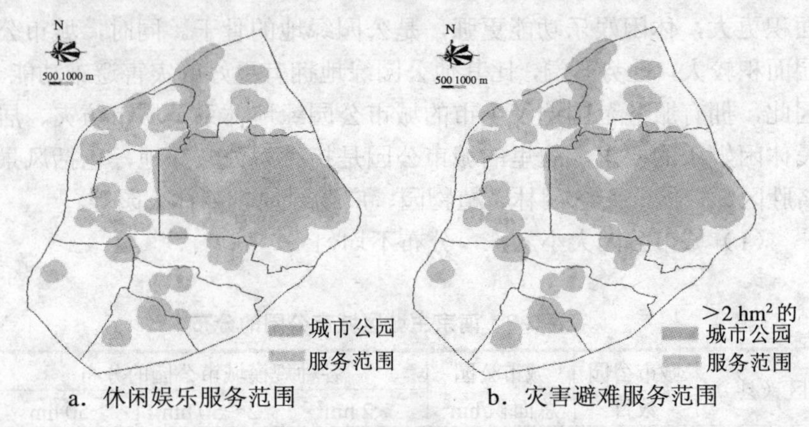

a．休闲娱乐服务范围　　b．灾害避难服务范围

图 6-9　南京主城区城市公园服务范围

图 6-9a 是将城市公园的服务半径设为 500 m，利用 GIS 软件 Arcview 3.3 的缓冲区分析功能得到的南京主城区所有城市公园的服务范围，这个服务范围可以表示南京主城区城市公园的休闲娱乐服务范围。可见，南京主城区城市公园的休闲娱乐服务范围还没有覆盖全市，存在相当面积的服务盲区（表 6-4）。服务盲区内的居民距离城市公园 500 m 以上，其休闲娱乐需求得不到很好的满足。

图 6-9b 是将服务半径设为 500 m，经缓冲区分析得到的面积大于 2 hm^2 城市公园的服务范围，这个服务范围可以表示南京主城区城市公园的灾害避难服务范围。南京主城区城市公园的灾害避难服务盲区更大（表 6-4），说明城市对地震等潜在灾害的应对能

力比较差。

表 6-4 南京主城区城市公园的服务盲区统计

区（县）	总面积/ km^2	休闲娱乐服务区面积/ km^2	休闲娱乐服务盲区比例/%	灾害避难服务区面积/ km^2	灾害避难服务盲区比例/%
鼓楼区	23.6	11.7	50.3	7.9	66.5
玄武区	70.3	60.4	14.1	59.8	14.9
白下区	30.0	8.2	72.8	7.3	75.7
秦淮区	21.5	5.4	75.1	5.4	75.1
建邺区	29.0	3.7	87.4	3.7	87.4
下关区	23.1	13.1	43.1	13.1	43.1
雨花台区	19.6	7.1	63.9	7.1	63.9
栖霞区	30.6	14.0	54.3	14.0	54.3
主城区	238.7	123.6	48.2	118.3	50.4

注：① 公园面积计入服务区面积；② 面积测算与统计在 GIS 软件 Arcview 中进行。

如表 6-4 所示，南京主城区城市公园休闲服务盲区达 115.1 km^2，占主城区总面积的 48.2%；灾害避难服务盲区达 120.4 km^2，占主城区总面积的 50.4%。各个区县相比较，休闲娱乐服务盲区比例由高到低依次是建邺区、秦淮区、白下区、雨花台区、栖霞区、鼓楼区、下关区、玄武区；灾害避难服务盲区比例由高到低依次是建邺区、白下区、秦淮区、鼓楼区、雨花台区、栖霞区、下关区、玄武区。南京主城区城市公园大小不均、分布不均的空间特征是服务盲区较大的主要原因。

6.4.3 大气净化功能一般

1）总体上看，城市绿地景观格局不利于大气净化

城市绿地景观的绿量越高，越有利于大气的净化。然而，依照南京城市绿地景观目前的格局，即使完全改造成高绿量的林地，也很难获得良好的大气净化效果。原因在于以下两点：

（1）城市绿地景观以大型绿地缀块为主体，边界密度低

城市绿地景观格局对其大气净化功能的制约作用表现在：当林

地面积固定时，其布局越分散，形状越松散，对污染物的阻滞、吸收作用越强。而南京城市绿地景观却以大型绿地缀块为主体，边界密度低（表 6-2），严重限制了其对大气污染物的吸收与净化作用。

（2）南京城市绿地景观过于集中，而大气污染源相当分散

南京主城区的大气污染物具有来源相对分散的特征，NO_x、总悬浮颗粒物在这一点上体现得尤为明显。

据何晓凤等研究（何晓凤，2004），南京市 NO_x 的最主要来源是交通源，其贡献率已超过 70%，而交通源是一种相当分散的大气污染源。

表 6-5 南京市总悬浮颗粒物来源

时间	地点	贡献率				
		土壤尘	煤烟尘	建筑尘	冶炼尘	合计
1998 年 10 月	中华门	20.7	20.9	41.0	2.2	84.8
	迈皋桥	22.1	20.6	43.2	2.1	88.0
1999 年 1 月	中华门	18.2	34.7	31.3	2.3	86.5
	迈皋桥	18.1	20.5	45.6	2.4	86.6
	瑞金路	22.2	23.5	40.6	1.3	87.6
	草场门	19.9	24.0	41.7	1.2	86.8
	中山陵	19.6	37.6	28.9	1.9	88.0
	玄武湖	16.7	33.4	31.4	1.5	83.0
	山西路	15.8	29.3	43.2	1.0	89.3
1999 年 4 月	中华门	19.0	22.1	42.2	1.8	85.1
	迈皋桥	20.4	21.2	41.9	2.2	85.7
1999 年 7 月	中华门	17.8	25.3	44.2	1.9	89.2
	迈皋桥	18.6	21.1	42.8	1.6	84.1
	全市均值	19.2	25.7	39.8	1.8	86.5

注：据南京市环境监测中心站提供的资料整理。

另据南京市环境监测中心站提供的资料（表 6-5），南京市主城区总悬浮颗粒物的贡献率由高到低依次是建筑尘、煤烟尘、土壤尘和冶铁尘，贡献率分别为 39.8%、25.7%、19.2%、1.8%，这 4 类源

的贡献总额为 86.5%，其他源如海盐、汽车尾气和化学反应产生的二次气溶胶状污染物贡献率较小；市区各监测点数据差别不大。这表明南京主城区的总悬浮颗粒物的来源相当分散，产生于建筑业、工业、裸土风蚀等各种因素。同时，建筑业是非常分散的，而南京主城区总悬浮颗粒物以建筑尘为最主要来源，本身就意味着总悬浮颗粒物来源的分散性。

与大气污染源的分散布局不一致的是，南京城市绿地景观分布却很集中，而且集中在主城区的过渡与外围区。因此，在内城区和中心城区，由于绿地景观面积比例低，绿地对大气污染物的净化作用受到限制。

2）对工业污染源的重点防护较为成功，但仍有不足

南京市在城市绿地建设过程中一直非常重视对工业污染的防护。1987 年开始在城市外围进行大规模植树造林，力求从整体上提高城市环境质量。1990 年 12 月，南京市制定了《南京市三环绿带规划》。三环绿带规划以主城区为核心，分别以古城墙绿带、外围公路绿带和土城头、秦淮新河绿带作为环绕城市的三个层圈，形成城市三环绿化系统，规划绿地总面积达 1 138.79 hm^2。规划现已实施完成，形成了分布在城市化工、石油工业基地附近的绿色巨龙，目前长势良好。这些防护林带与幕府山、小红山等自然林地相结合，有效地阻滞和吸收了大量大气污染物。

对南京主城区大气质量影响最大的是燕子矶工业区（陈建江，2003）。每年 3—9 月，城区位于其上风向或侧向，SO_2 污染较轻。然而，每年 9 月到翌年 2 月，多为北至东北风，城市正好位于燕子矶工业区的下风向，幕府山、北固山、大红山、小红山、石顶山、农场山一线的自然林地和人工防护林起到了关键性的防护作用，见图 6-10。

从图 6-10 也可以看到，南京主城区的工业污染防护也不是尽善尽美。缺点表现在两点：一是防护林带还没有完全连接；二是高污染工业用地的绿化防护相对滞后，绿地覆盖率较低，且以灌草为主，特别是城市最北端，由金陵石化公司、南京化工厂等企业组成

的工业群绿地率非常低。

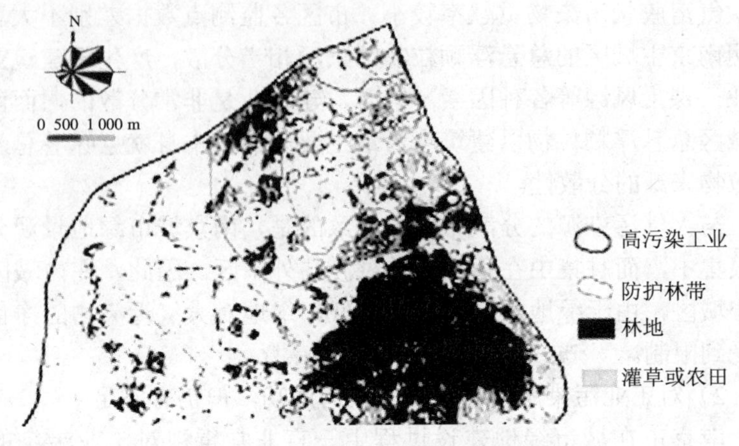

图 6-10　主要工业污染源防护现状

6.4.4 绿地廊道偏窄是生物多样性的主要限制因素

城市生物多样性对城市绿地景观格局的要求可概括为 4 个方面：① 复层绿地比例高；② 景观连接度高；③ 大、小缀块搭配；④ 绿地廊道达到一定宽度，具有内部生境。

Forman 和 Godron 认为，对于草本植被和鸟类来说，12 m 宽是区别线状和带状廊道的标准。对于带状廊道而言，宽度在 12 m 到 30.5 m 之间时，能够包含多数的边缘种，但多样性较低；在 61 m 至 91.5 m 之间时具有较多的内部种（Forman etc.，1986）。Rohling 在研究廊道宽度与生物多样性保护的关系时指出廊道的宽度应在 46～152 m 较为合适（J. Rohling，1988）。Budd 发现，河岸植被的最小宽度为 27.4 m 才能满足野生动物对生境的需求（W.W.Budd 等，1996）。

南京市园林局资料显示，南京主城区绿化道路里程占道路总长度的 91.29%。然而，从图 6-5 可以看出，南京主城区较为连续完整的道路绿地廊道仅有中山北路、中山东路、升州路、建康路等少数几条。表明大多数道路绿地廊道宽度在 15 m 以下，这一宽度难以提供内部生境。河岸绿地廊道也存在这一问题。绿地廊道偏窄限制了内部种的迁移，降低了景观连接度，是南京主城区生物多样性的主要限制因素。

6.5 南京城市绿地景观格局调整方向的确定

将生态因素放在首位是城市绿地景观生态规划与城市规划的重点，这也是单独编制城市绿地景观生态规划的原因。根据南京主城区人居环境特征，以及各生态服务功能对城市居民的重要性、对绿量增加的敏感程度以及功能被替代的可能性，南京主城区应优先提升城市绿地的夏季热岛缓解功能、休闲娱乐功能和灾害避难功能，同时兼顾大气净化、生物多样性维持两项生态服务功能的提升。

城市绿地生态服务功能的强弱受城市绿地景观格局的制约，所以每项生态服务功能的提升都需要城市绿地景观格局的相应调整。然而，各项生态服务功能的提升对城市绿地景观格局的要求可能存在矛盾，因此，要在分析单项生态服务功能的提升对城市绿地景观格局要求的基础上，根据生态服务功能被提升的优先顺序，得到综合的、经过权衡的城市绿地景观格局调整方案。

6.5.1 单项生态服务功能的提升对城市绿地景观格局的要求

1）夏季热岛缓解功能的提升对城市绿地景观格局的要求

南京城市绿地景观夏季热岛缓解功能较差，要对其进行提升，南京城市绿地景观格局需做以下调整：

（1）大幅度提高中心区、内城区的城市绿地景观面积比例。中心区、内城区城市绿地景观分散程度、散布程度较高，而且绿地层次较丰富，这几个指标再提高、优化的潜力不是很大，城市绿地景观面积比例过低是制约其夏季热岛缓解功能的主要原因，必须大幅度加以提高。

（2）过渡与外围区的人口相对密集区同样缺少绿地，也需要适当提高城市绿地景观面积比例。过渡与外围区的城市绿地景观分散程度、散布程度都不高，钟山、幕府山、雨花台、农场山、聚宝山以及大片的农林绿地是城市绿地景观的主体。人口、建筑密集区域城市绿地景观比例并不高。以建邺区为例，城市绿地景观面积只有25.01%，且邻近度较高，达 183.63，远高于鼓楼区的 18.17 和白下区的 42.32，表明绿地景观散布程度低，对照图 6-1 和图 6-5 可以看出，其南端的农村和农业区域是绿地集中地段。然而，北端的居住区和工业区绿地却很稀少。

（3）提高城市绿地景观的绿量和郁闭度。绿量大小与植被水汽蒸发量基本成正比，植被郁闭度高可大大减少地面获得的太阳辐射。南京城市绿地景观的绿量和郁闭度尚有较大上升空间，特别是河西新城区。

（4）保护主城区东南部具有引风作用的楔形绿地，营造带状通风廊道。

2）休闲娱乐、灾害避难功能的提升对城市绿地景观格局的要求

城市公园是休闲娱乐、灾害避难功能最突出的公共绿地类型。南京主城区城市公园的服务区尚不能覆盖全市，需要在城市公园服务盲区兴建多处城市公园。

3）大气净化功能的提升对城市绿地景观格局的要求

（1）与热岛缓解功能的提升类似，要提升南京城市绿地景观的大气净化功能，人口密集区的绿地面积、绿量都需要大幅度增加，而且要以分散、均匀为布局原则，因为南京大气污染源是分散的，要就地进行污染物的吸收和净化。

（2）工业密集区的绿地面积、绿量要大幅度增加，工业区与中心城区之间的防护林带要连成一体。

4）城市生物多样性保护对绿地景观格局的要求

（1）拓宽道路绿地、河岸绿地等绿地廊道，形成有利于物种扩散的绿色网络。

（2）保护大型绿地缀块。大的绿地缀块拥有更多的物种，包括敏感的内部种。然而，在城市发展过程中，它们容易因被蚕食而破

碎化，因此要重点予以保护。

6.5.2 综合与权衡

根据各单项生态服务功能的提升对城市绿地景观格局的要求，以及生态服务功能被提升的优先顺序，南京城市绿地景观格局需从以下几个方面进行调整：

（1）建设绿色廊道网络。

（2）在城市公园服务盲区兴建城市公园。

（3）有选择地保护城郊大型绿地缀块。保护夏季引风效果好，或者大气污染防护作用显著，或者生物多样性水平高的大型绿地缀块。

（4）通风廊道建设。夏季带状通风廊道的建设更为重要，其次是其他走向的以污染物扩散为目的的带状通风廊道建设。

（5）增加人口密集区城市绿地景观面积比例，新增加城市绿地的布局原则是促进城市绿地景观的分散与散布。

（6）除农田绿地、城市公园外，其他绿地类型以多层次、高绿量为建设目标。

6.6 南京城市绿地景观生态规划的依据

6.6.1 提高城市绿地生态效益的生态需求

南京是我国绿化率较高的园林城市之一。然而，分析表明，南京城市绿地的各项生态服务功能，特别是夏季热岛缓解功能、灾害避难功能、休闲娱乐功能都有提升的余地和必要。为此，南京城市绿地景观格局需要进一步调整、优化。

6.6.2 可绿化土地面积有限的经济约束

南京主城区，特别是中心区和内城区，人多地少的矛盾十分突出，土地利用密度大，地价高，能用来绿化的土地已经十分有限。

如何充分利用有限的土地提高绿量，提高绿地生态效益是中心区、内城区绿地规划的一大难题。

6.6.3 古城历史风貌保护与展现的文化需求

南京是六朝古都、十朝都会，古都风貌的维护与展现是城市建设必须考虑的问题，南京城市绿地景观生态规划也不能忽视这方面的因素。为了保护、展现南京历史文化氛围，需要进一步提高秦淮风光带、明城墙沿线的绿化水平，恢复钟山、玄武湖山水相连的自然风貌。

6.7 南京城市绿地景观生态规划

6.7.1 南京城市绿地景观的整体结构设计

1）城市绿地的布局形式

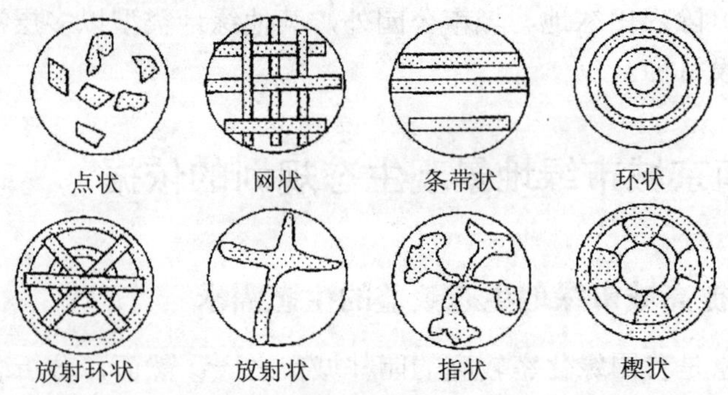

图 6-11 城市绿地布局的基本形式（康暮谊，1997）

图 6-11 表现的是城市绿地布局的 8 种基本形式。康暮谊对我国各城市的绿地系统进行了形式上的比较，提出我国城市绿地系统的 4 种布局形式，并对每种布局形式进行了点评（康暮谊，1997）：

（1）块状绿地布局。这种布局形式多出现在城市的老城区，在上海、天津、青岛、大连等城市中均可见到。块状绿地的布局形式，可以做到均匀分布，接近居民，但对城市整体艺术风貌作用不大，对改善城市小气候的作用也不显著。

（2）带状绿地布局。这种布局多数利用河流、湖水等城市水体、城市道路、旧城墙等条件，形成纵横向绿带、放射状绿地相互交织的绿地网，如苏州、西安、南京等地。带状绿地的布局容易表现出城市艺术风貌。

（3）楔状绿地布局。凡城市中由郊区深入市中心的由宽到窄的绿地，称为楔形绿地，如合肥市的绿地系统。一般都是利用河流、水库、起伏丘陵、穿过城内的运河、铁路和放射干道等结合市郊农田、防护林布置，使之与城市绿化带和城市林荫道有机结合。楔形绿地的优点是可以改善城市小气候，也有利于城市艺术风貌的体现。

（4）混合式绿地布局。由前 3 种布局形式综合而成，可以做到城市绿地点、线、面结合，形成较完整的体系。其优点在于：可以使得生活居住区获得最大的绿地接触面，方便居民游憩；有利于将田园的优点引进城市，有利于人工与自然的协调，丰富城市总体与各部分的艺术风貌；有利于改善小气候和城市环境卫生条件；有利于灾害防御；为城市发展提供了秩序和弹性，被认为是比较理想的结构。

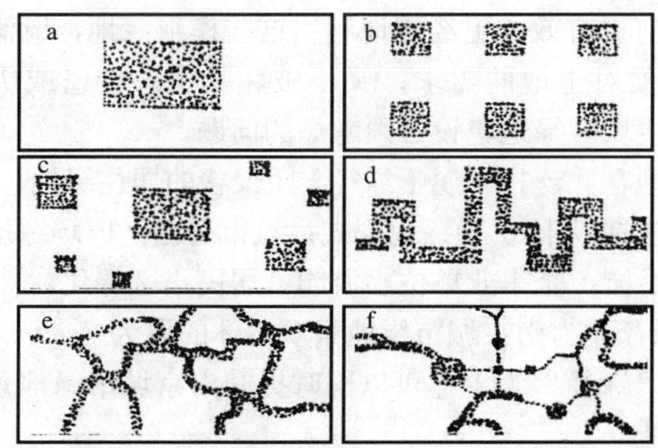

图 6-12　城市公共绿地布局的理论模式（据 Turner，1987）

Turner 总结了城市绿地布局的 6 种理论模式（Turner，1987）。见图 6-12，图中 a 是绿心模式，如纽约单一的中央公园；b 表示分散的居住区绿地；c 表示 1976 年大伦敦议会提出的不同规模等级的公园；d 表示的是建成区典型的绿径；e 是相互连接的公园体系；f 表示能提供城市步行空间的绿色网络。

2）混合式绿色网络是南京城市绿地景观的理想结构

（1）密集、多层次的绿径是混合式绿色网络的主体

根据“绿径”理论，绿径是一种多层次的线状绿地形式，从 30 英尺（约 9 m）长的步行道到几千米、几百千米长的风景廊道，都可归入绿径之列（Searns，1995）。本规划所构想的南京城市绿色网络以纵横交错、宽窄不等、长短悬殊的绿径为主体。

绿径建设的原则是充分利用所有线状空间，扩大绿地覆盖率与绿量，尽量选用遮荫效果良好、蒸腾作用强的树种。

绿径包括以下 5 种绿地形式：公路干道行道树；内秦淮河等河流沿岸绿地；铁路沿线绿化；街区道路绿化；企事业单位或居民小区步行道绿化。

（2）楔形绿地、点状绿地是绿色网络的补充

楔形绿地具有绿径不可取代的功能，如多样化、大容量的休闲游憩功能，引风入城功能。南京主城区周边有连片的自然林地和农林绿地，如何更有效、更经济地利用这些楔形绿地，既满足城市建设和经济发展对土地的需求，又不破坏其生态价值或历史文化价值，是南京主城区绿地建设必须考虑的问题。

点状绿地在此泛指不属于绿径、团聚状的居住绿地、附属绿地、公共绿地，包括以下 6 种绿化形式：城市公园；广场绿地；街头绿地；街区小游园；企事业单位小游园；居民小区绿化。

3）把绿径作为南京城市绿地景观主体的原因

（1）以“绿径”为主体可以同时提升南京城市绿地景观的多项生态服务功能

首先，采用绿径结构可以提升南京城市绿地景观的夏季热岛缓解功能。城市中的人口流主要沿各级道路廊道运动，绿径结构格外

重视道路的遮荫与绿化，道路绿地可以通过直接降温效应减缓居民生活空间的夏季高温。同时，绿径结构分散程度高、分布均匀、边界密度大，因此，在绿地率相同的情况下，相对于其他绿地结构，其间接降温效应更强，表现为冷却范围大，有利于空气的水平混合和温度的平均化，从而避免出现局部过高气温。另外，东南—西北走向、宽阔的道路绿地、河岸绿地可以充当夏季通风廊道。

其次，采用绿径结构有利于大气净化功能的提升。南京主城区的主要大气污染物是可吸入颗粒物，而可吸入颗粒物的最主要来源是建筑业，其贡献率在40%以上。道路交通则是NO_x的主要来源，贡献率在 70%以上。采用绿径结构，增加道路绿地宽度与绿量，可以有效地阻滞吸收建筑尘、汽车尾气，因为道路绿地靠近这些污染源，而且与其有很大的接触面。

最后，采用绿径结构可以提高城市生物多样性。采用绿径结构，扩展道路绿地、河岸绿地宽度，可以提高南京城市绿地景观的连接度，从而有利于生物多样性水平的提高。同时，道路绿地、河岸绿地达到一定宽度，才能形成植物种类丰富的复层绿地。

（2）以“绿径”为主体，获得土地的难度相对较小

绿径是一种灵活的绿色空间发展策略，不强调对城市景观的改变和控制，而将主要视角放在河滨、路边等狭窄空间，降低了获得土地的难度。南京主城区，特别是内城区和中心城区的建筑密度已经很高，没有成片的可绿化土地，也不可能专门为绿地建设而拆出大片空地。然而，要提升南京城市绿地景观的夏季热岛缓解功能、大气净化功能，必须大幅度增加人口密集区的绿地面积比例。因此，发展“绿径”是南京主城区人口密集区域绿地建设的必然选择。

6.7.2 南京城市绿径规划

1）绿径建设的内容

（1）形成多层次的林荫路

鉴于南京主城区夏季高温现状及夏季热岛可能继续增强的趋势，遮荫应该成为南京城市道路绿化的主题。城市居民夏季出行都

是通过各级道路实现的。因此，建设多层次的林荫路是南京城市绿地建设的重中之重。林荫路不仅有提高居民夏季舒适度、阻滞吸收大气污染物等生态效益，还可以通过促进居民夏季徒步或骑自行车出行，产生减少电力、石油消耗等经济、社会效益。

道路有无林荫，夏季最高气温、高温持续时间相差是很大的。南京市园林局的一次测量显示，有林荫道路的温度、无林荫道路日最高气温之差可达 3℃（表 4-2），高温持续时间也有很大差别（表 6-6）。

表 6-6 林荫道的降温效果

地点	类型	高温持续时间/h		
		35℃	37℃	39℃
瑞金路	无林荫	7.3	2.0	0.4
中山东路	有林荫	4.4	0	0

注：据南京市园林局资料整理。

林荫路是多层次的，包括公路干道林荫路、街区道路林荫道、步行林荫路。林荫路建设的途径是利用现有各级道路两侧的空间栽种高大、郁闭度高的乔木。将南京主城区的所有道路改造成林荫路是不现实的，也是不必要的。林荫路建设的目标是居民可以通过林荫路从城市的任意地点到达城市的任何角落。南京主城区目前离这一目标还有相当大的差距。实地调查表明，南京主城区公路主干道中，拥有比较完整连贯林荫路的仅有中山北路、北京东路、北京西路、中央路、中山路、中山东路、汉中路、升州路、建康路、珠江路和太平北路。就是说，大部分公路干道尚未建立起连贯的林荫路，更别说街区道路、步行林荫道。

（2）建设以缓解城市夏季高温为目的的带状通风绿地

带状通风绿地至少要 50 m，占地多、成本高（周淑贞，1994）。因此要采取少而精的设计原则。由于南京主城区大气质量较好，大气污染物的排放将得到进一步的严格控制，且主要污染物 PM_{10} 的来源比较分散，不存在大气污染特别严重的地段，因此不需专门设计以污染物扩散为目标的带状通风绿地。南京主城区带状通风绿地的建设目标是缓解城市夏季高温。

（3）铁路沿线绿化

南京主城区南北两端铁路密度较高，在铁路两侧有较宽的可绿化土地。加强铁路沿线绿化对于缓解城市夏季高温、提高绿地景观连接度和城市生物多样性有重要意义。另外，主城区北部东西向的铁路沿线绿地还可以成为内城区和燕子矶工业区之间又一道大气污染防护屏障。

（4）河岸、湖岸绿化

南京市的河岸、湖岸绿化目前已经启动，但存在对绿地生物多样性维持功能重视不够的问题。如 2001 年开始的秦淮河水环境整治。在河两岸开辟小径，植树种花，取得了较好的环境与社会效益。然而，过于规整的人工化堤岸不适应野生近水动植物对栖息地的需求，秦淮河沿岸绿地无法起到动植物迁移廊道的作用。

因此，未来南京主城区河岸、湖岸绿化的重点在于促进绿地的自然化，强调绿地集游憩、大气净化、自然生境、小气候等功能于一体。要实现栖息地和物种迁移功能，河岸绿地必须具有一定的宽度和较高的连接度，可以考虑采用生态跳岛的方法来增加景观连接度。

2）带状通风绿地设计

带状通风绿地是绿径的组成部分，由于其所起的特殊作用和特殊的建设要求，在此单独讨论。

带状通风绿地的设计要点包括组成、走向、宽度、连接度 4 个方面，设计中要注意以下几个问题：① 城市带状通风绿地的形式可以是河流绿地、道路绿地、林带，也可以是绿地率高、建筑低矮且间距大的居住绿地、附属绿地、公共绿地，也可以是它们的任意组合；② 与风向平行的带状绿地更有利于通风，前苏联学者的研究证明了这一点，他们发现随着街道与风向夹角的增大，风速越来越小于空旷地（周淑贞，1994）；③ 带状通风绿地越宽，通风效果越好，但受到土地空间的限制；④ 作为一种廊道。带状通风绿地的连接度用间断点多少来衡量。带状通风绿地中可能出现的、会对风形成阻碍的间断点有地形凸起、与风向垂直的连排高层建筑，要避免出现这种间断点。道路交叉口、硬地面广场等间断点不会对风形成阻碍，在带状通风绿地中可以出现。

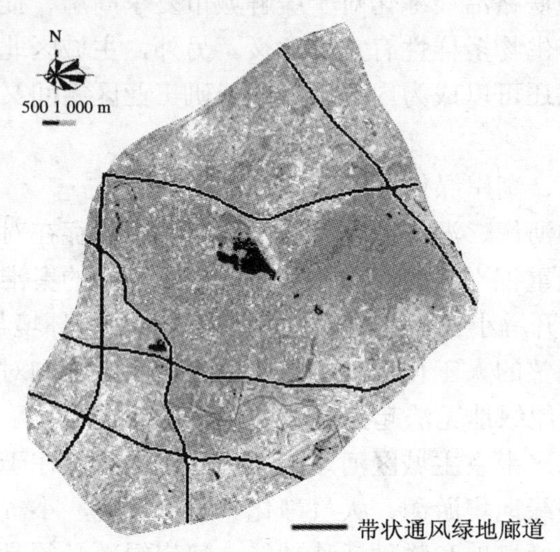

图 6-13　带状通风绿地廊道规划

根据南京主城区夏季盛行风向、夏季热场特征、地形特征，考虑到土地成本，南京主城区要重点建设 6 条带状通风绿地(图 6-13)：

（1）秦淮河—集合村—共青团路，由道路绿地组成；

（2）光华门路—护城河—白露洲公园—长乐路—升州路—水西门广场—水西门大街，由道路绿地、河流绿地、公共绿地组成；

（3）梦都路—雨花南路—卡子门，由道路绿地组成；

（4）热河路—热河南路—江东北路—江东南路，由道路绿地组成；

（5）大桥公园—沿桥路—铁路沿线—宁镇公路，由道路绿地、公园绿地组成；

（6）钟山环陵公路—农场山与聚宝山峪口—寅春路—燕尧路—

和燕路—燕子矶公园，由道路绿地和公园绿地组成。

要达到较好的通风效果，这些带状通风绿地最窄处不应低于50 m，为此，部分道路需拓宽，道路之间要平滑地衔接，为防止出现高层建筑等间断点，在关键地段需要采取相应的规划控制措施。

出于经济成本考虑，带状通风绿地主要布局在过渡与外围区。虽然目前来看，这个区域的建筑密度相对于内城区、中心城区较低，但是从长远来看，未来这一地区也会成为建筑相当密集、土地成本高昂的区域。如果不预留带状通风廊道，将来也会出现缺乏通风廊道、却因用地成本过高而无法建设的局面。

6.7.3 南京点状绿地规划

（1）点状绿地建设的方法与途径

南京主城区的人口密集地带，特别是中心区和内城区，受绿地覆盖率过低的限制，绿地的防暑降温效果非常有限。然而，这类地区地价高昂，可绿化土地少。除了充分利用线状空间，扩展绿径外，还要充分利用一切可绿化的点状空间，增加绿地覆盖率和绿量。

具体来说，建设点状绿地、增加绿地覆盖率和绿量的途径包括：① 提高已有公共绿地的绿地覆盖率和绿量。对绿地覆盖率偏低的公园绿地、以水泥硬地面为主的市民广场或街头绿地、草地与装饰绿地进行绿化改造，增加绿地覆盖率，提高复层绿地比例。② 结合旧城改造，新建街头绿地、小游园等公共绿地。③ 鼓励企事业单位建设大小不等的各类小游园。④ 结合老城区居住区改造，推行立体绿化、屋顶绿化，弥补绿地率的不足。

出于增加绿量的需要，提高复层绿地比例是点状绿地建设的重要原则，然而，这其中还有一个适度的问题。尽管复层绿地的夏季热岛缓解功能和大气净化功能强于草地和装饰绿地，然而，其休闲娱乐功能、灾害避难功能弱于后者，所以复层绿地比例不宜过高。

（2）增建城市公园

南京主城区城市公园担负着休闲娱乐、灾害避难两项生态服务功能。为使这两项生态服务功能的服务范围遍及主城区，需在城市公园服务盲区兴建城市公园。兴建城市公园在选址时，要尽量实现城市公园之间距离适中的布局目标。这既是为了保证城市公园的利用率，也是为了适应缓解城市夏季热岛的需要。一般来说，要保证所有城市居民不出 500 m 就可达到城市公园。

相对于休闲功能，灾害避难功能对城市公园的建设要求更高，因此城市公园的具体选址、建设依照灾害避难功能的要求而定。为适应灾害避难的需要，城市公园建设要达到以下要求：① 靠近居民区，方便居民就近到达；② 地势开阔，适当远离高层建筑，有安全感；③ 面积在 2 hm^2 以上；④ 水电设施齐备；⑤ 有管理人员，治安良好。

6.7.4 南京楔形绿地规划

南京主城区过渡与外围区拥有大片的自然林地和农林绿地。作为缓解热岛的冷源，由于位置原因，在无风或微风天气条件下，它们对人口密集区的间接降温作用甚微。然而，它们却有其他重要功能：① 传承南京历史文化。南京是以“龙蟠虎踞”著称的山水城市，钟山、幕府山等自然山体是古都风貌的体现。② 夏季，南京盛行东南风、东南偏东风，位于主城区东南部的雨花台等自然林地、农林绿地有引风入城的作用。③ 大气污染防护作用。秋冬季节，内城区、中心区位于燕子矶工业区的下风向，幕府山、北固山、小红山等山体起着非常重要的大气污染防护作用。④ 这些大片自然林地、农林绿地位于城市和乡村的衔接地带，可以将城市绿地与乡村绿地连接成一个整体，从而提高城市生物多样性，促进城市绿地的生态化、自然化，降低绿地维护成本，增强绿地的生命力和稳定性。

南京楔形绿地规划的目标是有选择地保护具有重要生态意义或文化意义的自然林地、农林绿地，防止城市建设对它们的蚕食。为了满足城市建设和经济发展对土地的需求，生态意义、文化意义都不突出的自然林地和农林绿地可以作为城市发展的待用地，无须特别加以保护。根据南京主城区的地理环境特征，需要划为楔形绿地，加以重点保护的自然林地、农林绿地见图 6-14。幕府山、北固山、大小红山、石顶山、农场山、朝阳山、聚宝山构成工业污染防护带。东南部的 3 块农林绿地则作为夏季引风口，它们与带状通风绿地相连，为城市输送湿冷空气，促进城乡气温的平均化，避免城市中出现危害居民健康的局部过高气温。对钟山、九华山的保护主要是出于保护古都风貌、将野生动植物引入城市的需要。

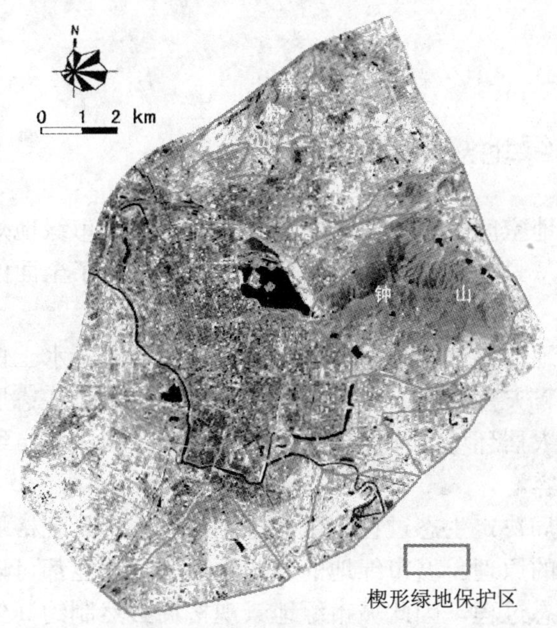

图 6-14　楔形绿地保护示意图

保护这些楔形绿地并不是完全维持现状，不许开发，而是要求其利用的方式不能损害其生态或文化功能，如作为引风口的楔形绿地要控制建筑的高度和密度。楔形绿地保护的另一项任务是对已受人为破坏自然林地的生态修复，如由于采矿引起植被破坏而成为粉尘源的幕府山就急需生态修复。

7 主要结论

7.1 城市绿地规划的理论基础

城市绿地空间配置如何影响其生态效益是城市绿地规划的理论基础。本书从景观生态学角度，对这个问题进行了全面的解答和论述。

城市绿地的大气调节、气候调节、干扰调节、水土保持、生物多样性维持、灾害避难、休闲娱乐、文化展示 8 项生态服务功能对于改善城市人居环境的作用更明显、更直接，构成城市绿地生态效益的主要内容。

景观格局决定生态过程、生态过程反作用于景观格局是景观生态学最基本的原理。城市绿地的每项生态服务功能都可以分解为一个或多个生态过程，因此城市绿地景观格局必然制约其生态服务功能。根据对每项生态服务功能空间特征的分析，本书认为城市绿地规划要重点关注夏季热岛缓解、大气净化、休闲娱乐、灾害避难、生物多样性维持 5 项生态服务功能。并逐一分析了城市绿地景观格局对这 5 项生态服务功能的制约作用：

1）城市绿地景观格局对城市夏季热岛缓解功能的制约

城市绿地景观的夏季热岛缓解功能通过两种机制实现：一是通过直接降温效应缓解绿地内部环境高温；二是通过间接降温效应缓解绿地周围环境高温。城市绿地景观格局对城市夏季热岛缓解功能的制约作用表现在：

（1）热岛的产生与缓解归根到底是由景观异质性决定的。城市热岛是在一定天气条件下，由景观异质性及它所决定的垂直生态过程的空间差异导致的城市气候现象。也是由于景观异质性，才产生局部大气湍流、风两种水平生态过程，导致城市热岛在一定程度上的减弱。

（2）不同绿地类型之间直接、间接降温效果存在差别，并随时间变化。总的规律是绿地郁闭度越高、绿量越大，降温效果越好。夏季草地夜间气温通常低于林地，直接降温效果更好是一个特例。

（3）城市绿地景观与人口、建筑的空间关系很大程度上决定其降温效应的社会价值大小。所谓城市绿地景观降温效应的社会价值，是指城市绿地景观的降温效应给居民带来的利益与好处到底有多少。

（4）城市绿地景观格局制约风、局部大气湍流对空气的水平混合作用。城市绿地景观的聚集度越高，形状越紧凑，则其与城市建筑景观的空气、热量交换界面越小，越不利于空气的水平混合。城市绿地景观的邻近度越低，越有利于整个城市景观的空气水平混合及气温的平均分布；城市绿地景观的邻近度越高，越有利于城市局部的空气水平混合，结果是更大程度地降低局部气温。

（5）城市边缘迎风面的楔状绿地有利于引风，宽直、连续且与风向平行的带状绿地有利于城市通风。

2）城市绿地景观格局对其大气净化功能的制约

城市绿地通过阻滞作用、吸收作用、覆盖作用三种方式实现大气净化功能。城市绿地景观格局对大气净化功能的制约作用表现在：

（1）不同类型城市绿地大气净化效果不同，层次越丰富，绿量越大，大气净化效果越好；

（2）林地缀块内部大气净化效果弱于边缘，内部、边缘面积比不同，大气净化效果不同；绿地廊道的宽窄、疏密影响其卫生防护效果；

（3）绿地大气净化功能的社会价值与空间相对位置有关。大气污染物大量产生或易于聚集区域内的绿地，其大气净化功能的社会价值大于既无大气污染源、大气污染物又容易扩散区域内的绿地。

（4）穿越大气污染物聚集区的带状绿地有助于大气污染物的迅速扩散和稀释

3）城市绿地的景观格局对其休闲娱乐功能的制约

城市绿地的休闲娱乐功能主要由城市中达到一定规模的居住区小游园、邻里公园、社区公园、城市公园、河岸公园、林荫景观道路实现，本书将它们一并称为公园绿地。公园绿地的景观可达性如何，服务范围是否覆盖整个城市，是衡量城市绿地休闲娱乐功能强弱的主要依据。

4）城市绿地景观格局对城市绿地灾害避难功能的制约

发挥紧急避难功能的绿地主要为具有一定规模、符合特定条件的公园绿地和附属绿地，可将它们称为防灾绿地。防灾绿地的灾害避难功能强弱也可根据景观可达性来分析。一般认为，在进行城市绿地规划时，防灾绿地的设计服务半径最好小于 500 m，以方便居民步行到达。

5）城市绿地景观格局对城市生物多样性的制约

如何在人类活动致使景观破碎化的时代背景下维持生物多样性是景观生态学的研究热点。景观生态学中的很多原理，如边缘效应、异质种群理论等都与生物多样性有关。根据这些原理，城市绿地景观格局会制约城市生物多样性，具体表现在：

（1）复层结构绿地能形成多样化的生境，促进动物、微生物栖息繁衍，是最有利于提高生物多样性的绿地类型。

（2）城市绿地网络化可以减少城市生物生存、迁移和分布的阻力，给生物提供更多的栖息地和更便利的生境空间，改善生物群体的遗传交换条件，为生物创造更好的生存和繁衍环境。

（3）大、小绿地缀块在城市生物多样性维持中的角色不同，然而都不可或缺。大型绿地缀块有利于内部种的生存，小型绿地缀块则可提高城市绿地景观的连接度，促进物种迁移和基因交流。

（4）绿地廊道是物种流扩散的主要通道。随着绿地廊道宽度的增加，廊道中的内部种数量逐渐增长，增长速度先快后慢，而边缘种增加到一定数量后趋于稳定。

7.2 生态服务功能导向的城市绿地规划模式

基于城市绿地生态效益由生态服务功能构成的新认识，以及城市绿地景观格局对各项生态服务功能制约作用的分析，本书提出一种生态服务功能导向的城市绿地规划模式。

这种城市绿地规划模式以最大幅度提高绿地生态效益为目标，在对城市绿地进行景观综合评价的基础上，对城市绿地进行中尺度的、中长期的景观生态规划。该模式引入景观生态学的观点，以城市绿地景观格局对每项生态服务功能的制约作用为理论基础，从而把对城市绿地生态服务功能的评价转化为对城市绿地景观格局的评价。由于评价的对象就是城市绿地景观，直接落到了空间上而不是功能上，因此可以很直接地得出城市绿地景观格局如何调整的结论。遥感和 GIS 技术是获取城市绿地景观信息，分析城市绿地景观格局的必备手段。

生态服务功能导向的城市绿地规划由确定各项生态服务功能被提升的优先顺序、城市绿地单项生态服务功能评价、城市绿地景观生态规划三个步骤组成。书中对每一个步骤的工作方法进行了阐述：

（1）各项生态服务功能被提升的优先顺序根据三个方面来确定。首先，对城市居民越重要的生态服务功能，越应该被优先提升，而生态服务功能对于城市居民的重要性与其服务内容有关，也与城市人居环境特征有关；其次，随着绿量增加，功能增强速度越快的生态服务功能，越应该被优先提升；最后，要考虑绿地生态服务功能是否会被其他事物取代，可替代性越弱的绿地生态服务功能越应该优先予以提升。

（2）城市绿地单项生态服务功能评价以城市绿地景观格局对各项生态服务功能的制约作用为理论基础，以遥感和 GIS 技术为实时数据获取与分析手段。评价过程中除了需要城市绿地景观信息，还需要大量有关城市建设、城市人居环境的辅助信息，比如城市总体规划、城市热场分布、城市人口分布、城市大气污染源分布、城市大气污染物易聚集区、城市风向风力的年变化、城市公园分布，等等。

（3）城市绿地景观生态规划的主要工作是综合、权衡各单项生态服务功能的提升对绿地景观格局的要求，因为各项生态服务功能的提升对城市绿地景观格局的要求不同，甚至相反。当两项生态服务功能的提升对城市绿地景观格局提出相反要求时，根据生态服务功能被提升的优先顺序决定城市绿地景观的调整方向。城市绿地景观生态规划要把经济和文化的约束纳入考虑。

7.3 生态服务功能导向的南京城市绿地规划

本书应用生态服务功能导向的城市绿地规划模式对南京城市绿地进行了评价与规划。根据南京城市人居环境特征现状及其动态趋势，认为南京城市绿地的夏季热岛缓解功能、休闲娱乐功能、灾害避难功能要优先提升，大气净化功能、生物多样性维持功能则予以兼顾。

对南京城市绿地单项生态服务功能的评价结论是：

（1）南京城市绿地夏季热岛缓解功能不佳，表现在：城市绿地多位于主城区过渡与外围区，降温效应的社会价值偏低；新城区装饰绿地居多，绿量不足；城市绿地聚集度高，散布程度低，不利于主城区内空气的水平混合；楔形绿地的引风效果较好，然而缺乏带状通风廊道。

（2）城市公园大小悬殊、分布不均匀，造成景观可达性低、服务盲区大，灾害避难功能、休闲娱乐功能较弱。

（3）大气净化功能一般。南京城市绿地景观以大缀块为主，边界密度低，与大气污染物的接触界面小。南京城区大气污染源是分散的，而城市绿地景观则聚集在过渡与外围区，不利于植被对大气污染物的就地吸收、过滤、覆盖。南京城市绿地对工业污染的防护较为成功，但仍有不足。

（4）无论是道路绿地廊道，还是河岸绿地廊道，宽度大都低于15 m。绿地廊道偏窄限制了内部种的迁移，降低了景观连接度，是南京主城区生物多样性的主要限制因素。

根据南京城市绿地单项生态服务功能评价结论，得到每项生态服务功能的提升对南京城市绿地景观格局的要求。然而，由于不同生态服务功能的提升对城市绿地景观格局的要求不同，所以根据南京城市绿地生态服务功能被提升的优先顺序，对这些要求进行了权衡和综合，从而得到南京城市绿地景观格局调整的方向：

（1）建设绿色廊道网络。

（2）在城市公园服务盲区兴建城市公园。

（3）有选择地保护城郊大型绿地缀块。保护夏季引风效果好，或者大气污染防护作用显著，或者生物多样性水平高的大型绿地缀块。

（4）通风廊道建设。夏季带状通风廊道的建设更为重要，其次是其他走向的以污染物扩散为目的的带状通风廊道建设。

（5）增加人口密集区城市绿地景观面积比例，新增城市绿地的布局原则是促进城市绿地景观的分散与散布。

（6）除农田绿地、城市公园外，其他绿地类型以多层次、高绿量为建设目标。

以上步骤只是从生态角度讨论南京城市绿地规划，这是不够的，还必须考虑文化因素和经济因素对城市绿地规划的要求或限制。通过对生态、经济、文化 3 个方面的综合考虑，本书提出南京城市绿地应采用混合式绿色网络的布局形式。这是一种以绿径为主体，以楔形绿地和点状绿地为补充的绿地布局形式。之所以规划南京城市绿地以绿径为主体，一是因为绿径形状松散、布局分散，夏季热岛缓解功能、大气净化功能都很突出；二是因为达到一定宽度的绿径有利于物种扩散和城市生物多样性的提高；三是因为绿径布局灵活，位于河滨、路边等狭窄空间，用地容易取得。

随后，分别对南京主城区绿径、点状绿地、楔形绿地进行了规划。绿径建设包括 4 个方面：形成多层次的林荫路；建设以缓解夏季高温为目的的带状通风绿地；铁路沿线绿化；河岸、湖岸绿化。点状绿地建设通过改造或新建公共绿地、附属绿地、居住绿地来完成，适当提高复层绿地比例是点状绿地建设的重要原则，形成布局合理、内部结构合理的城市公园体系是点状绿地建设的重要任务。对于主城区过渡与外围区有特殊功能的楔形绿地，要有选择地加以保护，防止城市建设对它们的蚕食。

参考文献

[1] 曹骊．城市近郊绿地在城市生态景观中的作用[J]．中国园林，1989（1）：21-24.

[2] 陈波，包志毅．城市公园和郊区公园生物多样性评估的指标[J]．生物多样性，2003，11（2）：169-176.

[3] 陈昌笃．中国的城市生态研究[J]．生态学报，1990，10（1）：92-95.

[4] 陈建江．南京市空气质量时间变化规律及其成因[J]．环境检测管理与技术，2003，15（3）：16-20.

[5] 陈爽，张皓．国外现代城市规划理论中的绿色思考[J]．规划师，2003（4）：71-74.

[6] 陈涛．试论生态规划[J]．城市环境与城市生态，1991，4（2）：131-135.

[7] 陈云浩．城市空间热环境遥感分析——格局、过程、模拟与影响[M]．北京：科学出版社，2004.

[8] 陈自新，苏雪痕，刘少宗，等．北京城市园林绿化生态效益研究[J]．中国园林，1998，14（1）：57.

[9] 董雅文．城市景观生态学[M]．北京：商务印书馆，1993.

[10] 范心圻．环境监测和作物估产的遥感研究论文集[C]．北京：北京大学出版社， 1991：171-189.

[11] 冯采芹，等．绿化环境效应研究：国内篇[M]．北京：中国环境科学出版社，1992.

[12] 傅伯杰，陈立项，马克明，等．景观生态学原理及应用[M]．北京：科学出版社，2001.

[13] 黄晓鸾，王书耕．城市生存环境绿色量值群研究[J]．中国园林，1998，14（1）：61-63.

[14] 黄肇义，杨东援．国内外生态城市理论研究综述[J]．城市规划，2001（1）：59-66.

[15] 焦艾彩，朱定真，陶玫，等．南京地区中暑天气条件指数研究预报[J].气象科学，2001，21（2）：38-41.

[16] 康暮谊. 城市生态学与城市环境[M]. 北京：中国计量出版社，1997.

[17] 李锋，王如松. 城市绿色空间生态服务功能研究进展[J]. 应用生态学报，2004，15（3）：257-531.

[18] 李团胜. 沈阳市城市景观生态学研究[D]. 沈阳：中国科学院沈阳应用生态研究所，1997.

[19] 李晓文，胡远满，肖笃宁. 景观生态学与生物多样性保护[J]. 生态学报，1999，19（3）：399-407.

[20] 李秀珍，肖笃宁. 城市的景观生态学探讨[J]. 城市环境与城市生态，1995（2）：146-151.

[21] 林涓，李惠敏，陈持宇，等. 异质城市景观中苔醇植物群落多样性的研究[J]. 应用生态学报，1999，10（3）：325-328.

[22] 蔺银鼎. 城市绿地生态效应研究[J]. 中国园林，2001（11）：36-38.

[23] 刘滨谊，姜允芳. 中国城市绿地系统规划评价指标体系的研究[J]. 城市规划汇刊，2002（2）：27-29.

[24] 刘骏，蒲蔚然. 小议城市绿地指标[J]. 重庆建筑大学学报，2001，2（4）：35-38.

[25] 刘立民，刘明. 绿量——城市绿化评估的新概念[J]. 中国园林，2000，16（5）：32-34.

[26] 马海纯，耿皓，杨晓庄. 城市绿地系统的效益分析和对策[J]. 商业研究，2000（9）：135-136.

[27] 马世骏. 现代生态学透视[M]. 北京：科学出版社，1990.

[28] 南京市环境检测中心站. 南京市总悬浮颗粒物来源解析与控制对策研究[R]. 2000，3.

[29] 孙小静. 上海走近国家园林城市[N]. 人民日报，2003-10-24.

[30] 王华东. 城市景观生态学刍议[J]. 城市环境与城市生态，1991，4（1）：26-28.

[31] 王如松. 高效和谐——城市生态调控原则与方法[M]. 长沙：湖南教育出版社，1988.

[32] 王焘. 目前园林绿化业的几点认识[J]. 中国园林，1998，14（2）：39-40.

[33] 王祥荣. 论生态城市建设的理论、途径与措施——以上海为例[J]. 复旦大学学报：自然科学版，2001（8）：349-354.

[34] 王祥荣. 生态与环境——城市可持续发展与生态环境调控新论[M]. 南京：东南大学出版社，2000.

[35] 王欣. 建设有活力的绿色空间网络——浅谈 21 世纪城市绿地系统[J]. 浙江林业科技，2001，21（5）：20-22.

[36] 魏斌，王景旭，张涛. 城市绿地生态效果评价方法的改进[J]. 城市环境与城市生态，1997，10（4）：54-56.

[37] 邬建国. 景观生态学——格局、过程、尺度与等级[M]. 北京：高等教育出版社，2000.

[38] 肖笃宁，李晓文. 试论景观规划的目标，任务和基本原则[J]. 生态学杂志，1998，17（3）. 46-52.

[39] 肖笃宁，李秀珍. 景观生态学的学科前沿与发展战略[J]. 生态学报，2003（8）：1615-1621.

[40] 谢华. 蓝天碧水中的花园城市——新加坡城市美化绿化之研究. 城市规划[J]，2000，24（11）：35-38.

[41] 许慧，王家骥. 景观生态学的理论及应用[M]. 北京：中国环境科学出版社，1993.

[42] 徐岚，赵弈. 利用马尔科夫模型预测东陵区土地利用格局的变化[J]. 应用生态学报，1993，4（3）：272-277.

[43] 严平，杨书运，王相文，等. 合肥城市热岛强度及绿化效应[J]. 合肥工业大学学报：自然科学版，2000，23（3）：348-351.

[44] 游璧菁. 从都市防灾探讨都市公园绿地体系规划[J]. 城市规划，2004，28（6）：77-81.

[45] 俞孔坚. 景观与城市的生态设计与原理[J]. 中国园林，2001（6）：3-7.

[46] 曾辉，郭庆华，喻红. 东莞市风岗镇景观人为改造作用的空间分析[J]. 生态学报，1999，19（3）：298-303.

[47] 曾辉，夏洁，张磊. 城市景观生态研究的现状与发展趋势. 地理科学，2003（4）：84-92.

[48] 张庆费. 城市绿地系统生物多样性保护的策略探讨[J]. 城市环境与城市生态. 1996，12（3）：36-38.

[49] 赵慎. 园林生态学浅议[J]. 中国园林，2001（3）：8-10.

[50] 赵振斌，包浩生，马荣华. 城市格网化及其景观生态效应研究[J]. 地理科学，2001（5）：433-438.

[51] 赵振斌，包浩生. 国外城市自然保护与生态重建及其对我国的启示[J]. 自然资源学报，2001（4）：39-45.

[52] 周福君，乔颖，乔晶. 从生态学角度谈城市绿地系统的规划[J]. 国土与自然资源研究，2001，29（2）：58-59.

[53] 周坚华. 以绿化三维量分析植物群落降解 SO_2 的宏观效应[J]. 中国环境科学，1999，（19）：21-24.

[54] 周淑贞，束炯. 城市气候学[M]. 北京：气象出版社，1994.

[55] 周廷刚，陈云浩，郭达志，等. 模糊综合评判法在城市绿地系统景观生态综合评价中的应用——以上海市为例[J]. 城市环境与城市生态，1999，12（4）：23-25.

[56] 周廷刚，郭达志. 基于 GIS 的城市绿地景观空间结构研究[J]. 生态学报，2003（5）：42-46.

[57] 周一凡，周坚华. 基于绿化三维量的城市生态环境评价系统[J]. 中国园林，2001（5）：77-79.

[58] 朱庆华. 生态城市与城市绿化[J]. 林业调查规划，2002，27（2）：93-97.

[59] 宗跃光. 大都市空间扩展的廊道效应与景观结构优化：以北京市区为例[J]. 地理研究，1998（17）.

[60] 宗跃光. 城市景观生态规划中的廊道效应研究——以北京市区为例[J]. 生态学报，1999，19（2）：145-150.

[61] AGO Y, Xia L. Measurement and monitoring of urban sprawl in a rapidly growing region using entropy[J]. Photogrammetric Engineering and Remote Sensing , 2001, 67(1): 83-90.

[62] Ahern J. Greenways as a planning strategy [J]. Landscape and Urban Planning. 1995, 33:131-155.

[63] Benjinmin M T, et al. Low emitting urban forests: A taxonomic methodology for assigning isoprene and monoterpene emission parks. Atmosphere Environment, 1999, 30(9):1437-1452.

[64] Bonan G B. The microclimates of a suburban colorado(USA) Iandscape and

implications for planning and design[J]. Landscape and urban planning, 2000, 49: 97-114.

[65] Box J, Harrison C. Natural Space in Urban Places [J]. Town and Country Planning, 1993 , 62(9):231-235.

[66] Budd W W, Cohen P L. Stream corridor management in the Pacific Northwest: determination of stream-corridor widths [J]. Environment Management, 1996, 20(5):587-597.

[67] Chovanec A, et al. Constructed inshore zones as river corridors through urban areas-The Danube in Vienna: Preliminary results[J]. Regulated Rivers: Research & Management, 2000, 16(2):175-187.

[68] Cilliers S S, Bredenkamp G J. Vegetation of road verges on an urbanization gradient in Potchefstroom, South Africa [J]. Landscape and Urban Planning, 2000, 46:217-239.

[69] Coles R W, Bussey S C. Urban forest landscapes in the UK-progressing the social agenda [J]. Landscape and Urban Planning, 2000, 52:181-188.

[70] Cook E. and Lier H V. Landscape Planning and Ecological Networks: an Introduction [J]. Urban and Landscape Planning, 2000, 49:86-98.

[71] Costanza R, Arge R. The value of the world's ecosystem services and nature capital [J]. Nature,1997 (15) : 253-260.

[72] Ehasson I. The use of climate knowledge in urban planning[J]. Landscape and Urban Planning, 2000, 48: 31-44.

[73] Fernadez J E. Bird community composition patterns in urban parks of Madrid: The role of age size and isolation [J]. Ecological Research, 2000, 15(4):373-383.

[74] Fernadez J E, Jokimaki J. A habitat island approach to conserving birds in urban landscapes: case studies from sourthern and northern Europe[J]. Biodiversity and Conservation, 2001,10(12):2023-2043.

[75] Frohn R C. Remote Sensing for Landscape Ecology: New Metric Indicators for Monitoring, Modeling, and Assessment of Ecosystems. Boca Raton: Lewis Publishers, 1998.

[76] Godefroid S. Temporal analysis of the Brussels flora as indicator for changing environment quality [J] . Landscape and Urban Planning, 2001, 52:203-224.

[77] Herington J. Beyond Green Belts：Managing Urban Growth [M]. London：Jessica Kingsley Publlshers. 1990.

[78] Honjo T, Takakura T. Simulation of thermal effects of urban green areas on their surrounding areas [J]. Journal of Energy and Buildings，1990, 15：443–446.

[79] Jauregui E. Influence of a large urban park on temperature and convective precipitation in a tropical city[J]. Journal of Energy and Buildings, 1990, 15:457–463.

[80] Little C E. Greenways for America. Baltimore, John Hopkins University Press. 1990.

[81] Lofvenhaft K, et al. Biotope patterns in urban areas: A conceptual model integrating biodiversity issues in spatial planning. Landscape and Urban Planning, 58:223-240.

[82] Medley K E, et al. Forest Landscape structure along an urban to rural gradient[J]. Professional Geographer ,1995,47(2):159-168.

[83] Mortberg U M. Resident birds species in urban forest remnants;landscape and habitat perspectives[J]. Landscape Ecology, 2001, 16(3):193-203.

[84] Nassauer J I, et al. Meeting public expectations with ecological innovation in riparian landscapes[J]. Journal of the American Water Resources Association, 2001, 37(6):1439-1443.

[85] Pace F. The Klamath Corridors: preserving biodiversity in the Klamath National Forest.In: Hudson W E ED. Landscape Linkages and Biodiversity. Washington DC: Island Press, 1991. 105-116.

[86] Park H. Features of the heat island in Seoul and its surroundings cities. Atmospheric Environment [J] . 1993, 27(10): 1859-1866.

[87] Roberts P. The Design of an Urban-space Network for the city of Darban [J].Environment Conservation, 1994,12(1):11-17.

[88] Rohling J. Corridors of green[J]. Wildl N C, 1988,5：22-27.

[89] Rosenfeld A H. Mitigation of urban heat islands-materials, utility programs, updates[J]. Energy and Building, 1995,22：255-265.

[90] Savard J, et al. Biodiversity conceptions and urban ecosystems.,2000,48:131-142.

[91] Searns R M. The evolution of greenways as an adaptive urban landscape form[J]. Landscape and Urban Planning , 1995,33:65-80.

[92] Shashua-Bar L, Hoffman M E. Vegetation as a climatic component in the design of an urban street: An empirical model for predicting the cooling effect of urban green areas with trees[J]. Energy and Buildings，2000（31）：221–235.

[93] Sorensen A. Land readjustment and metropolitan growth: an examination of suburb land development and urban sprawl in the Tokyo metropolitan area[J]. Progress in Planning, 2000, 53:217-230.

[94] Stewart J S, et al. Influences of watershed, riparian-corridor, and reach-scale characteristics on aquatic biota in agricultural watersheds[J]. Journal of the American Water Resources Association, 2001,37(6):1475-1487.

[95] Stig Karlsson, The Applicability of wind profile formulas to an Urban-Rural Interface site[J].Boundary-Layer Meteorol, 1994, 42,(6)：333-355.

[96] Swenson J J，Franklin J. The effects of future urban development on habitat fragmentation in the Santa Mountains[J].landscape Ecology,2000,15(8):713-730.

[97] Thomlinson J R, Rivera L Y. Suburban growth in Luquillo, Puerto Ricó:some consequences of development on natural and semi-natural systems[J]. Landscape and Urban Planning, 2000,49:15-23.

[98] Turner M G. Spatial simulation of landscape changes in Georgia: a comparison of 3 transition models[J]. Landscape Ecology, 1987,1:29-36.

[99] Yokohari M et al. Beyond greenbelts and zoning: A new planning concept for the environment of Asian mega-cities[J]. Landscape and Urban Planning, 2000,49:159-171.

[100] Young C H, Javis P J. A simple method for predicting the conswquences of

land management in urban habitats[J]. Environmental Government, 2001, 28(3):375-387.

[101] Zmyskony J, Gagnon D. Path analysis of spatial predictors of front-yard landscape in an anthropogenic envieronment [J]. Landscape Ecology, 2000, 15(4):357-371.

[102] Zube E H. Greenways and the US National Park System[J]. Landscape and Urban Planning, 1995, 33:17-25.

致　谢

本书是在作者博士论文的基础上修编而成。博士论文从选题到写作都是在导师杨达源教授耐心指导和热情关怀下完成。导师正直、勤勉的人生态度，严谨、一丝不苟的治学精神令我终生难忘。也感谢师母对我生活上的关心和照顾。

在论文写作、评阅、答辩过程中，南京大学城市与资源学系彭补拙教授、宗跃光教授、张捷教授、周生路教授，南京师范大学沙润教授，南京地理与湖泊研究所吴瑞金研究员等老师给我提出了很多宝贵的意见、建议。这次论文修改成书过程中吸收、借鉴了他们的不少建议。感谢老师们！

收集论文资料时得到南京市园林局李蕾总工程师、老同学南京市政府政策研究室曹大桂博士、南京市地理与湖泊研究所杨莹宝博士、南京大学生命科学学院刘旭硕士无私而热情的帮助。在此向他们表示诚挚的感谢！

感谢与我朝夕相处的同窗好友林雨庄、陈鹏、苏伟忠、黄润、马晓冬、佘江峰、王雷、王富喜、王仲智，论文得以完成离不开你们的鼓励和帮助。特别感谢王雷、马晓冬在遥感图像处理时给了我耐心细致的技术指导。

感谢多年来默默支持我学业的爸爸、妈妈、姐姐，感谢爱人周文静对我的理解和支持。

我对城市绿地评价、规划的研究才刚刚起步，文中若有偏颇和不当之处，请各位同仁批评指正！